ZEITSCHRIFT FÜR ANGEWANDTE GEOLOGIE

HERAUSGEGEBEN VON

DER STAATLICHEN GEOLOGISCHEN KOMMISSION

UND DER ZENTRALEN VORRATSKOMMISSION

DER DEUTSCHEN DEMOKRATISCHEN REPUBLIK

AUS DEM INHALT

AKADEMIE-VERLAG · BERLIN

BAND 5 / HEFT 6
JUNI 1959
SEITE 241–276

INHALT

Diesem Heft liegen 2 Ausschlagkarten zum Beitrag M. LEHMANN bei.

Die ZEITSCHRIFT FÜR ANGEWANDTE GEOLOGIE berichtet ständig ausführlich über folgende Arbeitsgebiete: Geologische Grundlagenforschung und Lagerstättenforschung / Methodik der geologischen Erkundung / Ökonomie und Planung der geologischen Erkundung / Technik der geologischen Erkundung / Geologie und Lagerstättenkunde im Ausland / Bibliographie, Verordnungen, Richtlinien, Konferenzen, Personalnachrichten

Die ZEITSCHRIFT FÜR ANGEWANDTE GEOLOGIE ist kein Organ einer engen Fachgruppe. Auf ihren Seiten können alle strittigen Fragen der praktischen Geologie behandelt werden. Die Autoren übernehmen für ihre Aufsätze die übliche Verantwortung

Herausgeber: Staatliche Geologische Kommission und Zentrale Vorratskommission für mineralische Rohstoffe der Deutschen Demokratischen Republik. Chefredakteur: Prof. Dr. Erich Lange, Berlin. Redaktion: Berlin N 4, Invalidenstraße 44. Verlag: Akademie-Verlag GmbH, Berlin W 1, Leipziger Straße 3–4 (Fernsprecher 220441, Postscheckkonto: Berlin 35021). Bestell- und Verlagsnummer des Heftes: 1047/5/6. Die „Zeitschrift für angewandte Geologie" erscheint monatlich. Bezugspreis 2,– DM je Heft. – Satz und Druck: Druckhaus „Maxim Gorki", Altenburg. Veröffentlicht unter der Lizenznummer ZLN 5008 des Ministeriums für Kultur, Hauptverwaltung Verlagswesen. Karten: MdI der DDR Nr. 4743, 4790/K 11. Printed in Germany

ZEITSCHRIFT FÜR ANGEWANDTE GEOLOGIE

CHEFREDAKTEUR: PROF. DR. E. LANGE

BAND 5 · JUNI 1959 HEFT 6

Über Vererbungen und Neubildungen in der Geologie

I. O. BROD, Moskau

Die Analyse der Veränderung und Entwicklung der geologischen Vorgänge in Zeit und Raum, die Erkennung ihrer bewegenden Kräfte und Quellen, ihrer Gesetzmäßigkeiten, ebenso ihrer konkreten Formen, die Analyse der tektonischen Prozesse, die Untersuchung der Struktur der Erdkruste, das Studium der geologischen Formationen und die Untersuchung der Entwicklungsprozesse auf der Erde — alle diese Probleme können nur vom Standpunkt des dialektischen Materialismus richtig gelöst werden.

Eine solche Frage ist auch das Verhältnis zwischen Uranlagen und Neubildungen in der Geologie.

Lange Zeit, zum Teil auch noch heute, wurden bei der Deutung der geologischen Prozesse Uranlagen und Neubildungen als einander ausschließende Erscheinungen gegenübergestellt. Eine gewisse Anzahl von Geologen ist der Meinung, daß bei der Entwicklung der Erdkruste die Uranlagen die Hauptrolle spielten. Andere wieder leugnen eine einigermaßen größere Bedeutung der Vererbung und sprechen den Neubildungen, welche die wie auch immer gearteten Züge der älteren Anlagen verwischen, bei der Analyse des Entwicklungsprozesses der Erdkruste die wichtigste Bedeutung zu.

Besonders klar kamen diese widersprüchlichen Meinungen in der Frage der Gebirgsentwicklung zum Ausdruck. In den Arbeiten von W. P. RENGARTEN, A. D. ARCHANGELSKIJ, N. S. SCHATSKIJ und einer Reihe anderer wird die Vererbung als Grundzug in der Entwicklung des Kaukasus betrachtet. Gleichzeitig hält W. W. BELOUSSOW die Inversion (Umkehrung) der tektonischen Verhältnisse für den Grundzug in der Entwicklung des Kaukasus. Er nimmt an, daß der Kaukasus erst im Tertiär am Orte der tiefsten Einsenkung der Kaukasus-Geosynklinale entstanden ist. Auch in einer Anzahl anderer Arbeiten, die sich mit der Entwicklung der Tafelbereiche der Erdkruste befassen, existieren solche Konfrontierungen von Uranlagen und Neubildungen. So kritisiert z. B. A. A. BAKIROW scharf die Ansichten von N. S. SCHATSKIJ und einer Reihe anderer Wissenschaftler, welche die große Bedeutung hervorhoben, die die Uranlagen bei der Herausbildung der Strukturformen der Russischen Tafel besitzen.

Die Lösung dieses Problems ist möglich auf der Grundlage des Studiums der vom dialektischen Materialismus formulierten Entwicklungsgesetze.

Bei der Analyse der Entwicklung der materiellen Welt geht der dialektische Materialismus in Übereinstimmung mit den Daten der Naturwissenschaft von der Einheit von Diskontinuität und Kontinuität des Entwicklungsprozesses im ganzen aus. Bewegung, Veränderung und Entwicklung sind im ganzen kontinuierlich, sie vollziehen sich aber durch Unterbrechungen der Kontinuität in jedem einzelnen Moment, durch eine gewisse Konstanz der Erscheinungen.

Bei der Aufdeckung der konkreten Spezifik einer sich entwickelnden Erscheinung geht der dialektische Materialismus vom Zusammenhang einer gegebenen Erscheinung mit ihren Existenzbedingungen aus. Das Existenz„medium", seine Besonderheiten und seine Spezifik bestimmen die Spezifik der konkreten Erscheinungen. Wenn das Medium mehr oder minder konstant bleibt, so wiederholen sich auch die dieses Medium widerspiegelnden Eigenschaften der konkreten Erscheinungen, sie vererben sich. Die Existenzbedingungen dieser oder jener Erscheinung können nicht absolut konstant sein, da die gegenseitige Beeinflussung der Erscheinungen unvermeidlich zu Veränderungen führt.

Die Wechselwirkung der Erscheinungen kommt in verschiedenartigen, oft entgegengesetzten Tendenzen zum Ausdruck. Die konkreten Verhältnisse, die bei diesem Prozeß entstehen, fördern oder hemmen die Entwicklung der Erscheinung. Die Entwicklung ist daher eine sehr komplizierte, sie ist zickzackförmig, hat Wendepunkte oder sogar rückläufige Bewegungen. Das Neue stützt sich bei seiner Entwicklung auf die vorangegangenen Stufen und schließt sie in aufgehobener[1]) Form ein. Das Neue negiert das Alte, aber das ist keine einfache Negation, sondern eine dialektische, die eine gewisse Nachfolge, Vererbung, in sich schließt.

Um das Problem des Verhältnisses zwischen Uranlagen und Neubildungen bei der Entwicklung der Erdkruste beobachten zu können, muß man ihre Erscheinungsformen in den verschiedenen Entwicklungsetappen und bei verschiedenen geologischen Verhältnissen behandeln. Das Verhältnis dieser beiden Kategorien läßt sich bei der Behandlung der Geosynklinalphase großer Bereiche der Erdkruste gut verfolgen. In etwas anderen Formen treten Uranlagen und Neubildungen beim Übergang der einzelnen Gebiete vom Geosynklinalstadium zum Tafelstadium in Erscheinung, wobei später auf den Tafelgebieten Schollengebirge entstehen. Eine originelle Verknüpfung von Vererbung und Neubildungen ist auch bei der Entwicklung der großen wellenförmigen Hebungen und Senkungen der Erdkruste zu beobachten; diese Hebungen und Senkungen hängen mit Erscheinungen zusammen, welche unseren ganzen Planeten umfassen. Man kann es als erwiesen betrachten, daß die Entwicklung der Strukturelemente in Geosynklinalgebieten durch kontinuierlich-diskontinuierliche Ausweitung der Faltenbildungen vom Zentrum zur Peripherie erfolgt. In allen Geosynklinalgebieten umfließen die linear gestreckten beweglichen Zonen,

[1]) „Aufheben" hier im Doppelsinne HEGELs: aufbewahren und negieren (Anm. der Red.)

mit denen die Entstehung der Gebirge zusammenhängt, die flachen Elemente, welche innere Massive — Endogeosynklinalplatten — darstellen.

Der Unterschied zwischen den linearen beweglichen Zonen und den sie trennenden Endogeosynklinalplatten kommt in den verschiedenen Entwicklungsetappen der Geosynklinalgebiete auf verschiedene Weise zum Ausdruck. Beim intensiven Absinken der beweglichen linearen Zonen sind die Endogeosynklinalplatten gewöhnlich relativ gehobene Bereiche. Nicht selten sind es Gebiete, von denen Material abgetragen wird. Während der Gebirgsbildung bei gleichzeitiger Entstehung von Faltenketten in den beweglichen linearen Zonen dienen die Endogeosynklinalplatten als Grundlage der Zwischensenken. Solche Zwischensenken sind in erheblicher Anzahl in den alpinen Faltenländern bekannt.

Daher tritt der qualitative Unterschied zwischen den linearen beweglichen Zonen einer Geosynklinale und den Endogeosynklinalplatten während der gesamten Existenzdauer eines Geosynklinalgebietes in Erscheinung. Darin drückt sich die Vererbung aus. Sie stehen andererseits, ebenso wie die übrigen qualitativ verschiedenen Elemente einer Geosynklinale, auf verschiedenen Entwicklungsetappen zueinander in verschiedenen Beziehungen, die jedesmal als verschiedene Neubildungen ihren Ausdruck finden.

Als Endogeosynklinaltafeln, mit denen in einer Reihe von Etappen der geosynklinalen Entwicklung Abtragungsgebiete, in anderen wieder Zwischensenken zusammenhängen, dienten der Südkaspische, Mittelkaspische, West- und Ostschwarzmeerbereich und ähnliche tafelartige Bereiche des mediterranen Geosynklinalgebiets.

In den diese tafelartigen Bereiche umgebenden beweglichen Zonen der Geosynklinalgebiete erfolgte eine Akkumulation mächtiger Sedimentserien und die Bildung linear gestreckter Gebirge. Im Wachstumsprozeß jedes, eine geantiklinale Erhebung darstellenden Gebirges war dieses immer von geosynklinalen Senken umgeben, die mit Sedimenten ausgefüllt wurden, welche bei der Zerstörung der benachbarten gehobenen Bereiche anfielen. Die Zerstörung des Gebirges und die Ausfüllung der geosynklinalen Senken führt zu einer Nivellierung. Dieser Ausgleich ist im ganzen eine Neubildung; im Aufbau des ausgeglichenen Bereiches der Erdkruste kommen aber die Uranlagen sehr stark zur Geltung. Die Vererbung kommt darin zum Ausdruck, daß die einzelnen Elemente des an der Oberfläche ausgeglichenen Territoriums fortfahren, sich voneinander hinsichtlich der tektonischen Verhältnisse zu unterscheiden. Die geologischen Vorgänge in den ausgeglichenen linearen Bereichen der Geantiklinalen, den daran anschließenden, mit einer mächtigen Folge plastischer Gesteine ausgefüllten geosynklinalen Senken und in den starreren Verbreitungsgebieten der Innergeosynklinaltafeln laufen verschieden ab. Der besonders krasse Unterschied, der zwischen der Geosynklinalsenke und der daran anschließenden zentralen Geantiklinale einerseits und dem tafelartigen Bereich andererseits besteht, kommt darin zum Ausdruck, daß in der geosynklinalen Senke Falten entstehen, in die die plastischen Gesteine gelegt werden, welche die Senke ausfüllen.

Die geosynklinale Faltung stellt eine Neubildung dar. Gleichzeitig ist zu sagen, daß die geosynklinale Senke sich nach wie vor von der anschließenden zentralen geantiklinalen Zone und der starren Platte unterscheidet. Folglich betont diese Neubildung in der geosynklinalen Senke noch schärfer den grundlegenden ererbten Zug, nämlich die Beweglichkeit. In der folgenden Etappe wird die zentrale Geantiklinale gemeinsam mit den ihr „angewachsenen" Falten, die in den anschließenden Geosynklinalsenken entstanden sind, gehoben.

Hierbei kann man einerseits eine ererbte Entwicklung der Geosynklinale konstatieren, andererseits eine vollständige Inversion der geosynklinalen Senken konstatieren, d. h. die die Senken auffüllende Faltung hat sich in die Umrahmung der Geantiklinale verwandelt. Nach Angliederung der geosynklinalen Faltung an die zentrale Geantiklinale konsolidieren sich die Gesteine, die bis dahin plastisch waren. Auf diese Weise ist der Vorgang der ererbten Hebung der Geosynklinale für die mit ihr verbundenen Geosynklinalsenken eine Neubildung.

Mit der Erhebung und Erweiterung der zentralen Geantiklinale erfolgt gleichzeitig auf Kosten der angewachsenen Falten die Bildung neuer Geosynklinalsenken. Die Geosynklinalsenken entstehen an den Flanken stabiler plattenartiger Bereiche, die von linearen beweglichen Zonen umgeben werden. Es erfolgt eine Ausdehnung der beweglichen Zonen auf Kosten der starren Bereiche des Geosynklinalgebiets. Die neuen Geosynklinalsenken entstehen bereits an einer neuen Stelle. Diese Geosynklinalsenken werden erneut mit Ablagerungen ausgefüllt, die von den gehobenen Bereichen stammen.

Der beschriebene Prozeß wurde bewußt schematisiert, um die enge Wechselbeziehung zwischen Neubildungen und alten Anlagen in allen Entwicklungsetappen eines Geosynklinalgebiets zu betonen.

Die innige Wechselbeziehung zwischen Neubildungen und Uranlagen ist auch beim Übergang einzelner Bereiche des Geosynklinalgebietes zur Tafelphase gut zu beobachten. Die Tafelphase ist dadurch charakterisiert, daß ein erheblicher Teil des Geosynklinalgebietes konsolidiert wird. Am häufigsten ist eine Konsolidation des randlichen Teils des Geosynklinalgebietes zu beobachten, welches an den Rand der Tafel „anwächst". Dies ist gut am Beispiel des Anbaus der Russischen, Ostsibirischen und Kanadischen Tafel durch Konsolidation der diese Tafeln umgebenden Faltenzüge zu erkennen. Ein derartiges Anwachsen erfolgte im Unterpaläozoikum, im Oberpaläozoikum und im Frühmesozoikum. Der konsolidierte und in eine Tafel umgewandelte Teil eines Geosynklinalgebiets ist eine Neubildung, da sich in der ganzen weiteren Geschichte sein tektonisches „Leben" vom „Leben" in der geosynklinalen Entwicklungsetappe qualitativ unterscheidet. Später werden die Unterscheidungsmerkmale der ehemaligen beweglichen Teile, in denen die Faltenanlagen mit den sie trennenden stabileren tafelartigen Bereichen entstanden, in erheblichem Grade verwischt. Alle diese einzelnen Teile sind miteinander verschweißt, sie bilden ein konsolidiertes Fundament für die Sedimente, die im Tafelstadium entstehen; es tritt keine Faltung mehr auf, wie sie den geosynklinalen Senken eigen ist. Die Entstehung der verschiedenartigen Strukturformen, sowohl großer als auch lokaler, hängt nun vorwiegend mit Differentialbewegungen des Untergrundes zusammen. Große Bedeutung gewinnen die ererbten, nachgebildeten oder regenerierten Falten. Die Formen der Verbiegungen in den Sedimentgesteinen, die mit seitlichem Druck und anderen Erscheinungen zusammenhängen, komplizieren in den meisten Fällen lediglich die Formen, die durch die Bewegungen der Blöcke des Fundaments entstehen. Trotz der erwähnten qualitativ neuen Züge dauert die große Rolle der Uranlagen auch im Tafelstadium an. Infolge der unterschiedlichen Struktur des Fundamentes erfolgen die Differentialbewegungen seiner einzelnen Elemente ebenfalls unterschiedlich. Diese Bewegungen hängen im wesentlichen mit dem Aufbau des Fundaments zusammen. Im Fundamentkörper treten sowohl flache, tafelartige Bereiche als auch linear gestreckte Strukturzonen auf, die noch von der geosynklinalen Entwicklungsphase ererbt sind, und beide fahren fort, ihren Einfluß auszuüben. In Verbindung mit den linearen Elementen des Fundaments und den in den meisten Fällen bereits in den Frühphasen entstandenen Brüchen entstehen auch in der Sedimenthülle der Tafel vorwiegend gestreckte Strukturzonen. Gleichzeitig werden die Differentialbewegungen in den tafelartig-flachen Teilen des Fundaments durch die sehr verschiedenartige Form der das Fundament zusammensetzenden Blöcke bedingt.

Die Untersuchung der Strukturformen der Sedimentfolge in Tafelterritorien zeigt, daß sie mit den Strukturverhältnissen des Fundaments in innigster Verbindung und gegenseitiger Abhängigkeit stehen; das Fundament hat seinerseits diese Formen noch von der geosynklinalen Entwicklungsphase des gegebenen Territoriums ererbt.

Besonders deutlich tritt der Einfluß der Uranlagen beim Wiederaufleben der Tafel und bei der Entstehung von Schollengebirgen in Erscheinung. Die Schollengebirge stellen im ganzen eine Neubildung dar, da sie sich vom Ebenenstadium der Tafel grundsätzlich unterscheiden. Andererseits ähneln die Schollengebirge hinsichtlich ihrer Entwicklungsverhältnisse auch nicht den Gebirgsbildungen, die im Geosynklinalgebiet entstehen. Gleichzeitig sind trotz dieser grundsätzlichen Unterschiede in der Entwicklung der Schollengebirge auch Züge der Vererbung zu beobachten, die noch von der geosynklinalen Entwicklungsphase herrühren. Bei der Entwicklung der Schollengebirge gewinnen wieder die Unterschiede zwischen den linear gestreckten Zonen und den flachen tafelartigen Bereichen erhebliche Bedeutung. Mit den flachen plattenartigen Bereichen hängen am häufigsten Zwischensenken zusammen. An der Stelle der ehemaligen geantiklinalen Zonen und in Verbindung mit linear gestreckten Brüchen entstehen Bergrücken in den Schollengebirgen.

Die Verknüpfung von Erscheinungen der Vererbung und Neubildung tritt auch bei der Entwicklung der großen wellenförmigen Hebungen und Senkungen der Erdkruste deutlich hervor, d. h. bei Erscheinungen, die unseren ganzen Planeten erfassen. Die wellenförmigen Bewegungen der subkrustalen Massen bewirken die Hebung und Senkung der äußerst verschiedenartig aufgebauten Bereiche der Erdkruste, sie erfassen sowohl Tafel- als auch Geosynklinalgebiete.

An der Stelle der rezenten Senke, in deren Zentrum das Kaspische Meer liegt, existierte im Mesozoikum und weit ins Tertiär hinein eine große, meridional verlaufende wellenförmige Erhebung. Diese Erhebung veränderte viele Male ihre Umrisse. In einzelnen Etappen der geologischen Geschichte verengte sie sich, dann erweiterte sie sich, floß auseinander und entstand von neuem. Die tafelförmigen Bereiche, die jetzt an der Basis der Südkaspischen und Mittelkaspischen Senke liegen, existierten im gesamten Verlauf der mesozoischen und tertiären Geschichte als Erhebungen. In einzelnen Etappen dienten sie als Abtragungsgebiete für die beweglichen, absinkenden Zonen dieser Zeit, welche diese Erhebungen umgaben. Gegen Ende des Miozäns oder zu Beginn des Pliozäns entstand an der Stelle der ehemaligen Erhebung eine tiefe, wellenförmige Senke. Daher entstand durch die wellenförmigen Schwingungsbewegungen im Gebiet des Kaspischen Meeres eine Neubildung, die hinsichtlich der Form direkt das Entgegengesetzte von dem darstellt, was im Mesozoikum und im frühen Tertiär existierte. Gleichzeitig dauerte der ererbte Einfluß der plattenförmigen Bereiche der Erdkruste mit ziemlicher Intensität an. Diese Teile wandelten sich in die Basis für die rezente Süd- und Mittelkaspische Mulde um.

Mit einer riesigen rezenten wellenförmigen Hebung hängen die Kontinente Nord- und Südamerika zusammen. Im ganzen sind diese beiden Kontinente als mit einer wellenförmigen Hebung der Erdkruste zusammenhängende Erscheinung eine Neubildung. Gleichzeitig gehören zur Zusammensetzung dieser Kontinente die hinsichtlich des Aufbaus verschiedenartigen geotektonischen Elemente. Hier gibt es sowohl alte kristalline Massive vom Typ des Kanadischen Schildes als auch die paläozoischen Faltenketten der Appalachen sowie mesozoische Gebirge, vertreten durch das Schollengebirge der Rocky Mountains, und junge Faltengebirge wie die Kordilleren. Alle diese Strukturelemente besitzen ihre Besonderheiten, welche das Auftreten der Vererbung im Leben der Kontinente Nordamerika und Südamerika, die mit einer meridional verlaufenden Welle zusammenhängen, widerspiegeln.

Aus der Betrachtung der angeführten Tatsachen geht hervor, daß die beiden behandelten Kategorien der Vererbung und der Neubildung trotz des Umstandes, daß sie sich gegenseitig negieren, im Entwicklungsprozeß der Erdkruste sich in engster Wechselwirkung befinden. Die Erdkruste im ganzen und alle ihre Elemente entwickeln sich und liefern immer neue Formen. Sowohl bei der Entstehung der neuen großen tektonischen Elemente als auch einzelner neuer Strukturformen kommt in verschiedenem Grade, d. h. mehr oder minder bemerkbar, auch gleichzeitig die ererbte Verbindung zu dem vorhergehenden Stadium eines gegebenen Bereiches der Erdkruste zur Geltung.

Verbindung durch Vererbung tritt sowohl hinsichtlich der Formen, die soeben noch auf der vorhergehenden Entwicklungsetappe existiert haben, als auch hinsichtlich der sehr alten tektonischen Elemente, die in den frühesten Entwicklungsetappen der Erdkruste entstanden sind, in Erscheinung.

Die Erscheinung der „Vererbung" alter Anlagen ist niemals eine vollständige Wiederholung des Vorhergehenden; dies gilt sowohl für die Erdkruste im ganzen als auch für ihre einzelnen Elemente. Die Erdkruste und alle ihre Elemente verändern sich ständig. Der Entwicklungsprozeß der Erdkruste verläuft kontinuierlich und schließt Elemente der vergangenen Etappen ein.

Im geschichtlichen Prozeß der geologischen Entwicklung traten oft Phasen der Umgestaltung des Strukturplans der Erdkruste ein. Diese Etappen der Umgestaltung wechselten mit längeren Perioden einer relativ ruhigeren Entwicklung. Aber wenn auch diese Etappen der Umgestaltung und die Perioden einer ruhigeren Entwicklung eine Anzahl gemeinsamer Züge besaßen, so unterschieden sie sich doch im allgemeinen voneinander. Alle im Entwicklungsprozeß der Erdkruste entstandenen geotektonischen Elemente und einzelnen Strukturformen stellten immer eine Neubildung dar, aber hierbei trugen und tragen sie Züge des aus der Vergangenheit Ererbten.

Die Entwicklung Westmecklenburgs vom Keuper bis zur Unterkreide[1)]

ROLAND WIENHOLZ, Ludwigslust

1. Vorbemerkungen

Die Ergebnisse der seit 1951 im westlichen Mecklenburg durchgeführten Erdölerkundung sowie die Kenntnisse, die über diesen Raum aus einigen älteren Tiefbohrungen vorliegen, sind jetzt so weit fortgeschritten, daß die erste zusammenfassende geologische Charakteristik für dieses Gebiet hinsichtlich der mesozoischen Ablagerungen in groben Umrissen entworfen werden kann. Die den nachfolgenden Darstellungen zugrunde liegenden Vorstellungen sind die Arbeitsergebnisse der geologischen Abteilung des VEB Erdöl und Erdgas im Stützpunkt Ludwigslust. Verf. möchte deshalb nicht versäumen, seinen Mitarbeitern in Ludwigslust, Frau E. WIENHOLZ und den Herren R. BAUERSCHÄFER, R. SALLUM und K. GOLDBECHER für das bereitwillige Zurverfügungstellen ihrer Arbeitsergebnisse sowie der Werkleitung des VEB Erdöl und Erdgas in Gommern für die Veröffentlichungsgenehmigung zu danken.

2. Allgemeine Charakteristik des Gebietes

Die bisherigen Untersuchungen konzentrierten sich in Nordwestmecklenburg auf die Antiklinalstrukturen Rehna-Rüting und Camin und in Südwest- und Südmecklenburg auf die Antiklinalstrukturen Gorlosen, Karstädt, Marnitz und Schlieven, den Raum Ludwigslust—Grabow und die Salzstöcke Werle und Conow (vgl. Abb. 1). Die schematische Strukturkarte (Abb. 1) und noch deutlicher der etwa NW—SE verlaufende Profilschnitt (Abb. 2) zeigen, daß der nordwestliche Teil Mecklenburgs einen anderen geologischen Aufbau besitzt als die südwestlichen bis südlichen Gebiete. Während im Norden lediglich Antiklinalstrukturen vorhanden sind und die höhere Unterkreide (Oberapt bis Mittelalb) über Lias unter Ausfall der Schichtserie von Dogger bis Unterkreide (Neokom) transgrediert, finden sich im Süden Antiklinalstrukturen und Salzstöcke und, von Spezialfällen abgesehen, vollständige Jura- und Kreideprofile.

3. Das „Nordwestmecklenburgische Keuperbecken“

Über die untere und mittlere Trias im westlichen Mecklenburg liegen Kenntnisse nur aus der Bohrung Rüting vor. In ihr wurde etwa folgendes, im einzelnen noch nicht endgültig geklärtes Profil erbohrt:

ca. 70 m Oberer Muschelkalk
ca. 105 m Mittlerer Muschelkalk
ca. 135 m Unterer Muschelkalk
ca. 330 m Röt
> 800 m Mittlerer und Unterer Buntsandstein

Während die Schichtenfolge des Muschelkalkes in ihren Hauptzügen die aus Mitteldeutschland bekannte Ausbildung widerspiegelt, zeigt der Buntsandstein besonders in seinem unteren und mittleren Teil mit einer ziemlich einförmigen, vorwiegend tonigen Serie, größere Ab-

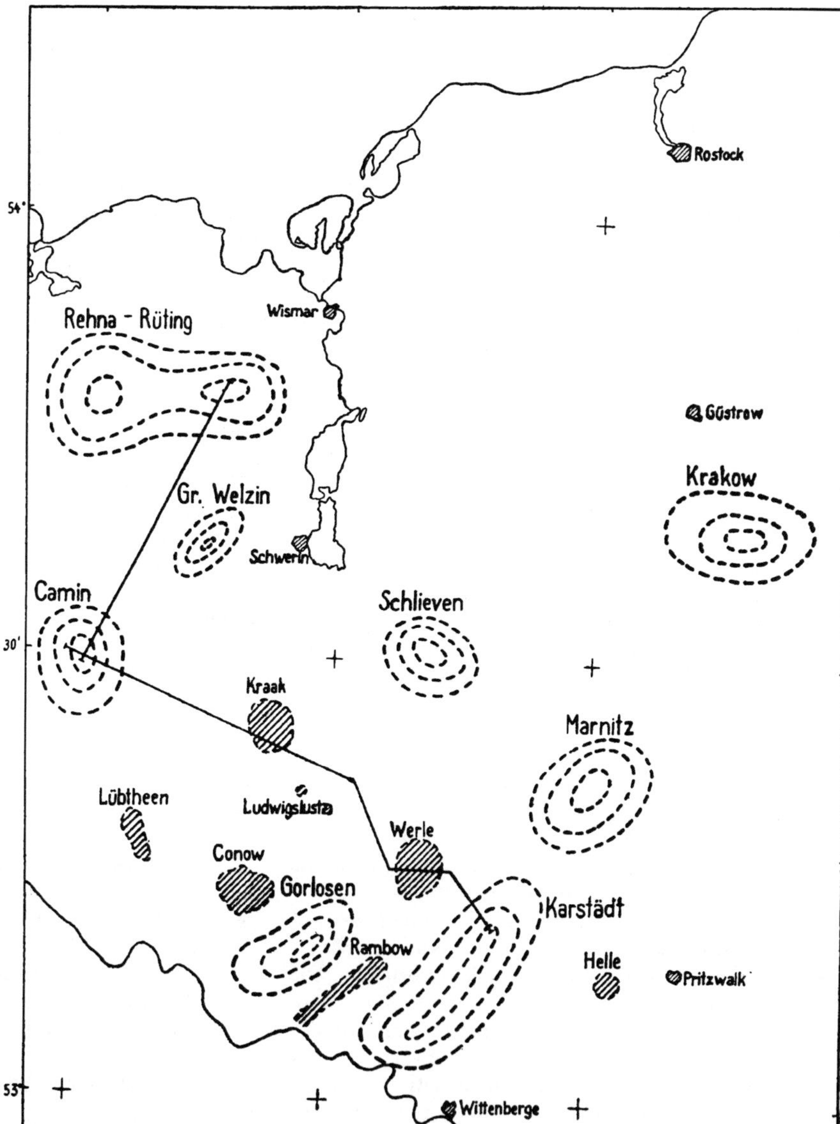

Abb. 1. Schematische Strukturkarte von Westmecklenburg

[1)] Vortrag gehalten auf der Jahrestagung der Geologischen Gesellschaft in der DDR in Stralsund am 24. 4. 1958.

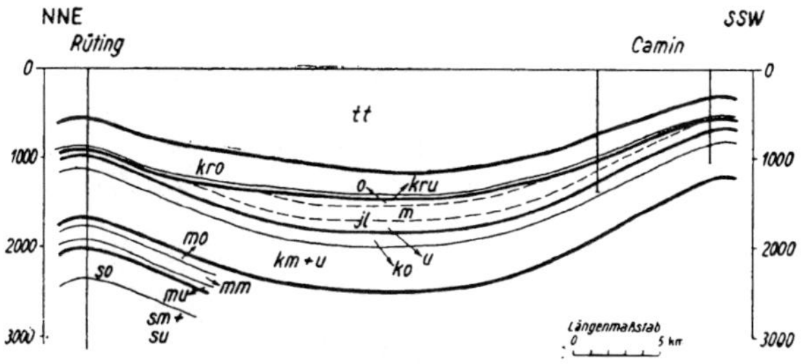

Abb. 2a Profilschnitt durch Westmecklenburg

weichungen; eine Trennung des Unteren vom Mittleren Buntsandstein war deshalb bisher nicht möglich. Ebenso ist die Grenzziehung zwischen *sm* und *so* noch nicht ganz gesichert.

Mehrere, z. T. durch fortlaufende Kernstrecken belegte Profile liegen aus dem Keuper vor. Ab Unterkeuper kann also die geologische Entwicklung Westmecklenburgs in ihren Hauptzügen rekonstruiert werden.

Der Untere Keuper weicht mit seiner einförmigen, bunten, ± karbonatischen Tonsteinserie, in die gelegentlich sandige Lagen eingeschaltet sind, von seiner mitteldeutschen Ausbildung ab. Das Fehlen einer deutlichen Grenzdolomitregion erschwert die Abgrenzung gegen den Mittelkeuper. Dieser aber zeigt die gleiche Untergliederung (Unterer Gipskeuper, Schilfsandsteinhorizont, Rote Wand und Steinmergelkeuper) mit einem ähnlichen lithologischen Aufbau wie in Mittel- und Westdeutschland. Im Rät läßt sich die aus den nordwestdeutschen Erdölgebieten bekannte Dreigliederung wiedererkennen. Im Norden (Rehna—Rüting—Camin) herrschen in allen drei Stufen die Sandschüttungen vor; das Unterrät schließt sich eng an die eigentliche Rätfazies an. Im Süden (Gorlosen) dagegen ist der Tonanteil bedeutend größer, und das Unterrät ähnelt sehr der Steinmergelkeuperfazies.

Die Mächtigkeit des Keupers nimmt von Süden nach Norden in fast allen Stufen kontinuierlich zu (Abb. 3), und zwar steigt sie von ca. 300 m in der Bohrung Landesvater bis auf ca. 725 m in der Bohrung Rüting an. Es ist kaum anzunehmen, daß die Schichtenfolge in Verlängerung dieses Profils noch dicker wird, denn in der Bohrung Rødby auf Laaland wurden nach A. NØRVANG (1957, S. 42) insgesamt nur ca. 300 m Keuper angetroffen. Das Maximum der Keupermächtigkeiten ist also etwa im Bereich der nordwestmecklenburgischen Küste zu vermuten.

Diese Tatsachen sowie das Verhalten verschiedener Schichtglieder innerhalb des Keupers berechtigen zu der Annahme, daß im Bereich Nordwestmecklenburgs während des Keupers ein relativ stark sinkendes, aber morphologisch wohl kaum jemals besonders hervorgetretenes Sedimentationsbecken vorhanden war. Der Verlauf der Mächtigkeitslinien deutet auf ein ENE-Streichen dieses Beckens hin.

Ausgezeichnet ist dieses ,,Nordwestmecklenburgische Keuperbecken" gegenüber seinen Randgebieten durch höhere Mächtigkeiten in fast allen Stufen, durch einheitlich sandige Ausbildung des Schilfsandsteinhorizontes, durch eine einheitliche Anhydritbank am Kopf der Roten Wand und durch mächtige Sandschüttungen im Rät.

4. Der Lias Mecklenburgs

Mit Beginn des Lias scheint die oben umrissene Entwicklung abgeschlossen zu sein. Das Liasmeer rückte in breiter Front von Westen nach Osten vor und sedimentierte dunkle, wechselnd kalkige, Toneisensteingeoden führende Tonsteine mit mächtigeren Sandsteinbänken im alpha$_{1+2}$, örtlich auftretenden Eisenoolithen im alpha$_3$ und beta und der Posidonienschieferfazies im epsilon.

Eine Abweichung von der normalen Ausbildung ist im Ludwigslust—Marnitzer Lias alpha vorhanden. Er besteht aus einer Folge Pflanzenreste führender, limnischer Sande und Tone, in die nur an der Basis zwei kalkige Tonhorizonte mit mariner Fauna eingeschaltet sind. Der marine Charakter des Lias alpha an den Strukturen Rehna—Rüting, Camin, Gorlosen und im Raum westlich Wittenberge einerseits und die vorwiegend limnische Ausbildung bei Ludwigslust und Marnitz andererseits deuten die Lage der Faziesgrenze marin-terrestrisch an (vgl. Abb. 4).

Die marine Ausbildung des beta bei Ludwigslust und Marnitz deutet die Verschiebung der Faziesgrenze weiter nach Osten an (Abb. 4).

Im Lias gamma ist dann auch der Raum Ostmecklenburgs (Behrenhoff) und Nordwestpolens (Kamiên Pomorski) marines Sedimentationsgebiet. Der obere Lias scheint in ganz Mecklenburg in mariner Ausbildung vorhanden gewesen zu sein.

5. Der ,,Südwestmecklenburgische Trog"

Im Dogger findet nun ein teilweise bereits im Lias angedeuteter Umbau der paläogeographischen Einheiten statt. Es werden Tröge und Schwellen angelegt, die bis zum Ende der Unterkreide die Sedimentation bestimmen.

Im südwestlichen bis südlichen Mecklenburg und nordwestlichen Brandenburg wurde ein derartiger Trog, der ,,Südwestmecklenburgische Trog", festgestellt. Diesem Trog steht in Nordwestmecklenburg die ,,Nordwestmecklenburgische Schwelle" gegenüber. Die bisher vorliegenden Untersuchungsergebnisse deuten darauf hin, daß etwa folgende Strukturen in dem Bereich des

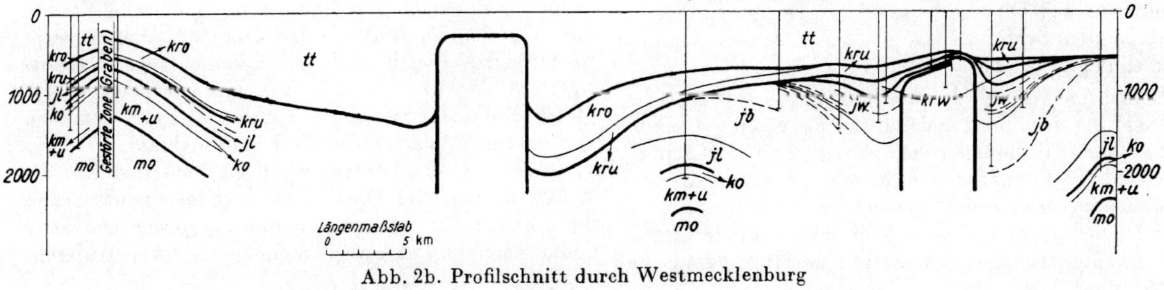

Abb. 2b. Profilschnitt durch Westmecklenburg

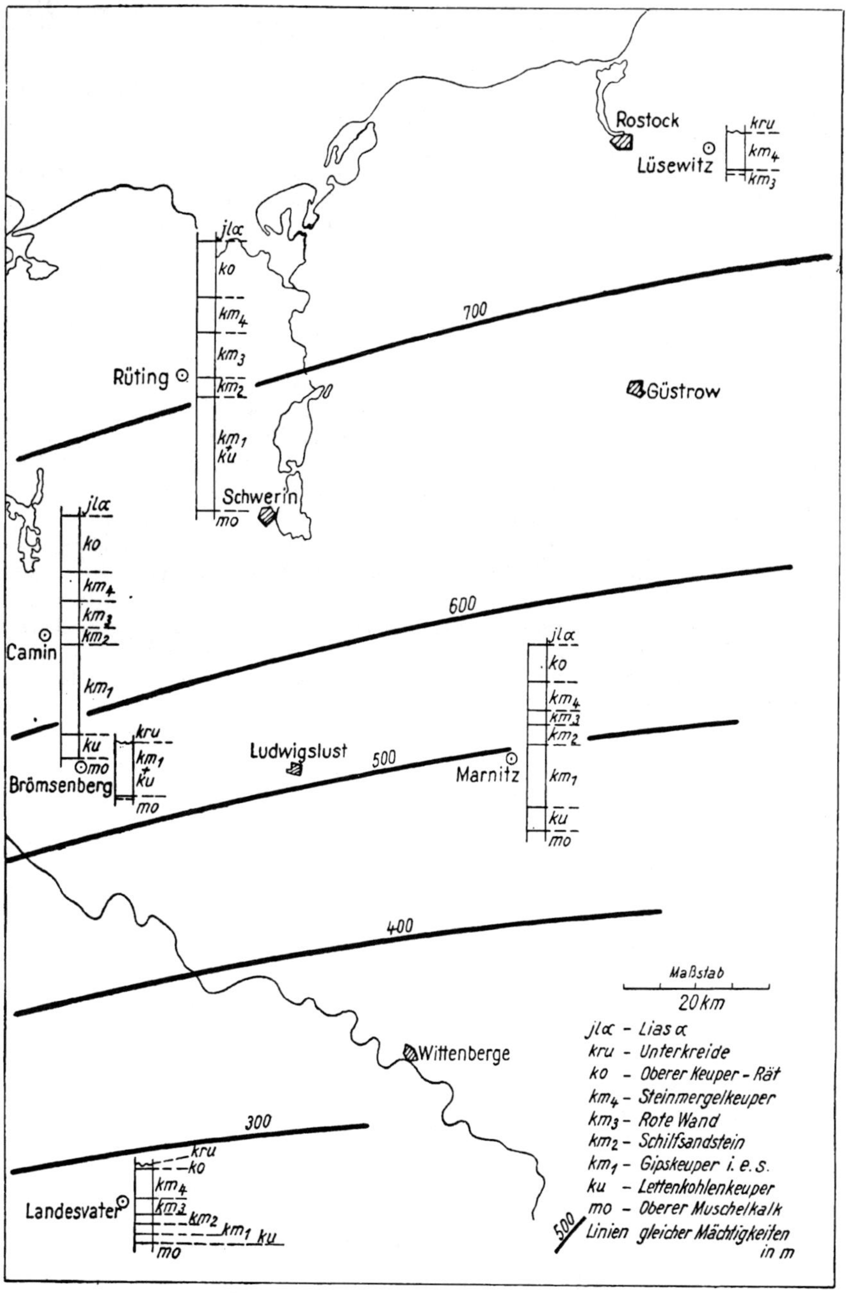

Abb. 3. Die erbohrten Keupermächtigkeiten im westlichen Mecklenburg

„Südwestmecklenburgischen Troges" liegen: Kraak, Conow, Dömitz, Gorlosen, Aulosen-Bernheide, Wittenberge, Bad-Wilsnack, Helle, Marnitz, Werle, Rambow und Karstädt.

Wie aus den in Abb. 5 dargestellten elektrischen Bohrlochmessungen hervorgeht, wird der Dogger in diesem Trog in allen Stufen zu fast gleichen Teilen aus tonigen und sandigen Schichten aufgebaut.

Bemerkenswert ist die mächtige limnisch-brackische Ausbildung des obersten delta und des epsilon 1 bis 5, welche aus z. T. kalkigen und dolomitischen Sandsteinen mit kohligen Pflanzenresten, lagenweise angereicherten Trümmereisenerzen, Konglomerathorizonten und Tonsteinlagen bestehen. Gelegentlich eingeschaltete dünne marine Tonsteinlagen gestatten eine stratigraphische Einordnung dieser Serie.

Während im Trogzentrum (etwa dem Raum Karstädt) eine lückenlose Doggerfolge angetroffen wurde, von der lediglich durch die Malmtransgression örtlich Teile des Dogger zeta gekappt worden sind, ist im Norden (Raum Ludwigslust — Schlieven) der obere Dogger delta transgressiv. Hier fielen der obere Teil des gamma und der untere delta der Ober-delta-Transgression zum Opfer (vgl. Abb. 5).

Die Mächtigkeiten in den einzelnen Stufen wechseln örtlich z. T. sehr stark. Diese Tatsache ist auf die im Dogger mit verstärkter Intensität einsetzenden Salzbewegungen zurückzuführen. So wurden z. B. im obersten epsilon und im zeta Mächtigkeitsschwankungen von 100 bis über 400 m beobachtet. Ist doch allein der obere Teil des Dogger zeta in der Bohrung Werle 4 E[2]) mit 530 m noch nicht durchbohrt, während er in der Bohrung Grabow 2 kaum mehr als 100 m betragen haben dürfte.

Im Malm haben die Salzbewegungen den „Südwestmecklenburgischen Trog" weitestgehend aufgegliedert, so daß wir eine Reihe von Spezialsenken im Bereich der Salzstockrandmulden (den sekundären Randmulden nach TRUSHEIM 1957) vorfinden.

Genauere Kenntnisse liegen aus der „Werler Randsenke" vor. Innerhalb dieser Senke folgen die sandig tonigen Heersumer Schichten und der kalk-, gelegentlich auch brauneisenoolithische, geröllführende Korallenoolith konkordant (Bhrg. Werle 4 E und Grabow 1) über Dogger, während in den Randgebieten beide mit deutlicher Winkeldiskordanz transgressiv sein können (Bhrg. Grabow 2 und Karstädt Nord 1). Der sandig und tonig ausgebildete, ca. 120 m mächtige Unterkimmeridge (Bhrg. Werle 4 E) des Senkenzentrums, dünnt nach den Rändern bis auf wenige Meter aus. Von dem im Zentrum der Senke aus einer ca. 40 m mächtigen Anhydrit-Kalkstein-Folge aufgebauten Mittelkimmeridge sind an den Rändern nur noch wenige Meter Kalkstein vorhanden; d. h., Anhydrite kamen nur im Zentralbereich der Senke zum Absatz. Die Verhältnisse des aus bunten, sandigen Ton- und Mergelsteinen bestehenden Oberkimmeridge lassen sich wegen ihrer örtlich sehr begrenzten Erhaltung (bisher nur in der Senke nachgewiesen) nicht mehr genau rekonstruieren.

[2]) Steht im Ostteil der „Werler Randsenke".

Es dürften aber kaum andere Bedingungen als im tieferen Malm geherrscht haben. Diese Annahme trifft auch für das zunächst in ähnlicher Fazies fortsetzende Portland zu.

Im tieferen bis mittleren Portland erreichten die Salzmassen von Werle das Maximum ihrer Bewegungen und extrudierten. Höheres Portland transgrediert bereits wieder über die Hutgesteine des Salzstockes. „Werle" ist damit der älteste bisher im „Südwestmecklenburgischen Trog" nachgewiesene Salzstock.

Das Portland endet mit Dolomiten, Kalksteinen und dunklen Mergelsteinen, in denen eine brackische Fauna und z. T. reichlich auftretendes, kohliges Pflanzenmaterial den Rückzug des Jurameeres anzeigen.

Der nun mit seiner limnisch-brackischen Sedimentation folgende Wealden schließt regional gesehen im wesentlichen an die malmischen Senken an, verlagert aber seine Ablagerungszentren in den Bereich der noch in stärkerem Aufsteigen begriffenen Salzmassen benachbarter Salzstöcke. Örtlich greift er auch, speziell dort, wo neue Gebiete in den Randmuldenbereich mit einbezogen werden, über älteren Untergrund über; so z. B. in Gorlosen bis auf unteren Dogger.

Aufgebaut wird der Wealden aus einer vorwiegend sandigen „Unteren Serie", einer vorwiegend tonigen „Mittleren Serie" und einer wieder vorwiegend sandigen „Oberen Serie".

Die ehemals — natürlich mit stark unterschiedlichen Mächtigkeiten — allgemein im „Südwestmecklenburgischen Trog" verbreiteten Jura- und Wealden-Sedimente fielen außerhalb der Spezialsenken, soweit es nicht schon vor dem Wealden bzw. vor dem Malm erfolgte, zum großen Teil der praehauteriven Abtragung zum Opfer. Die daraufhin einsetzende Transgression des Unterkreidemeeres fand also eine stratigraphisch ziemlich wechselhafte Unterlage vor. Der Transgressionshorizont besteht aus einem fossilreichen, sandigen Kalk- bis kalkigen Sandstein, der glaukonitisch und örtlich geröllführend ist. Er beginnt auf Grund der Mikrofauna, die in Mergelzwischenlagen auftritt, mit der Bivirgatuszone des Unterhauterive. Valendis und unterstes Hauterive (Noricuszone) konnten bisher nicht nachgewiesen werden. Nach oben geht der sandige Horizont des Unterhauterive in dunkle Mergel- und Tonsteine über, die das Oberhauterive, Barrême, Apt und Unteralb darstellen. Das Mittelalb liegt in der bekannten bunten Mergelfazies vor. Die helleren Mergelsteine des Oberalb bereiten dann allmählich die Oberkreide-Sedimentation vor.

Der „Südwestmecklenburgische Trog" ist z. Z. der Unterkreide im Norden etwa durch eine Linie, die von westlich Conow, westlich und nördlich an Kraak vorbei in Richtung Schlieven und Krakow verläuft, begrenzt (vgl. Abb. 6). Die außerhalb dieses Bereiches liegenden Räume werden erst ab Oberapt bis Mittelalb in den Ablagerungsbereich des Unterkreidemeeres einbezogen.

Schon H. KÖLBEL (1956 u. 1957) wies darauf hin, daß diese südwestmecklenburgisch-nordbrandenburgischen Juravorkommen einerseits nach Südwesten zum Gifhorner Trog über Damnatz und Thurau und andererseits über Lychen und Heringsdorf nach Osten zur Polnischen Senke Verbindungen besitzen; d. h., der „Südwestmecklenburgische Trog" ist ein Relikt der ehemals weiter ausgedehnten Verbindung, die zwischen den westdeutschen und den ostdeutsch-polnischen jurassischen Sedimentationsräumen bestand. Daß auch während der Unterkreide ausgedehntere Ost-West-Verbindungen bestanden haben, ist mit Sicherheit anzunehmen; als Hinweis hierfür kann evtl. das Neokom von Schünow, Dabendorf und Lichterfelde (vgl. H. KÖLBEL, 1954) gelten.

Im einzelnen können allerdings diese Verbindungswege, die während des Jura und der Unterkreide bestanden, heute noch nicht rekonstruiert werden, da es einmal noch an der ausreichenden Anzahl von Aufschlüssen fehlt und zum anderen die einzelnen Schichten vielfach der praealbischen und der praetertiären Abtragung zum Opfer fielen.

6. Die „Nordwestmecklenburgische Schwelle"

Über die Entwicklung der „Nordwestmecklenburgischen Schwelle", deren Zentrum etwa mit dem Zentralbereich des Keuperbeckens übereinstimmt, kann wegen Fehlens der Serien von Dogger bis Unterkreide (Neokom) kein endgültiges Bild entworfen werden. Folgende Tatsachen aber deuten sich an:

Im unteren und mittleren Dogger ist eine ähnliche Sedimentation wie im Trog — aber wohl mit bedeutend geringeren Mächtigkeiten — vorhanden.

Durch großräumige Bewegungen im Dogger delta wird die Schwellenregion in den Bereich der Abtragung gehoben. Eine kontinuierliche Sedimentation ist in ihrem Bereich erst wieder ab Alb vorhanden. Von dieser Zeit an haben der „Südwestmecklenburgische Trog" und die „Nordwestmecklenburgische Schwelle" wieder eine gemeinsame Entwicklung, und ganz Westmecklenburg sowie die angrenzenden Gebiete sind während der Oberkreide und des Tertiärs ein einheitlicher Ablagerungsbereich. Die Salzbewegungen setzen im Schwellenbereich erst später als im Trog ein. Sie beginnen im Malm als Reaktion auf die zu dieser Zeit im Trog sich intensiv auswirkenden Vorgänge. Da aber der die Bewegung verstärkende Hangenddruck der mächtigen jurassischen bis unterkretazischen Schichtserien

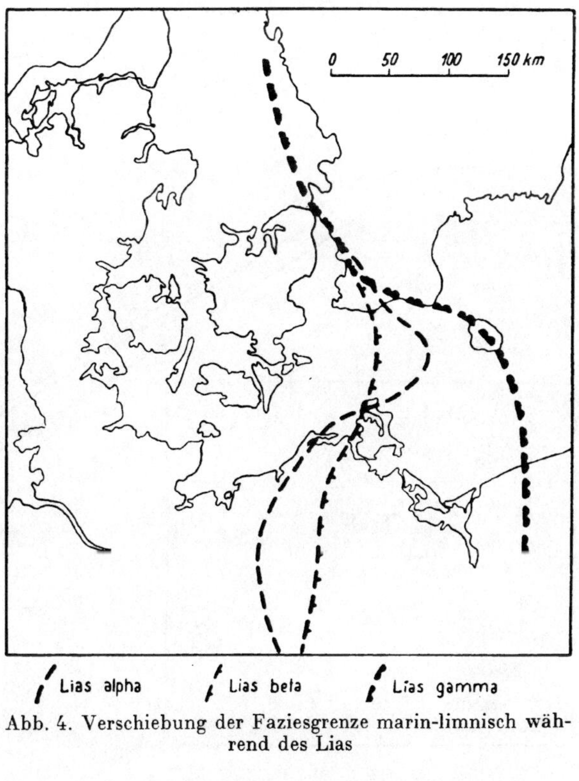

Abb. 4. Verschiebung der Faziesgrenze marin-limnisch während des Lias

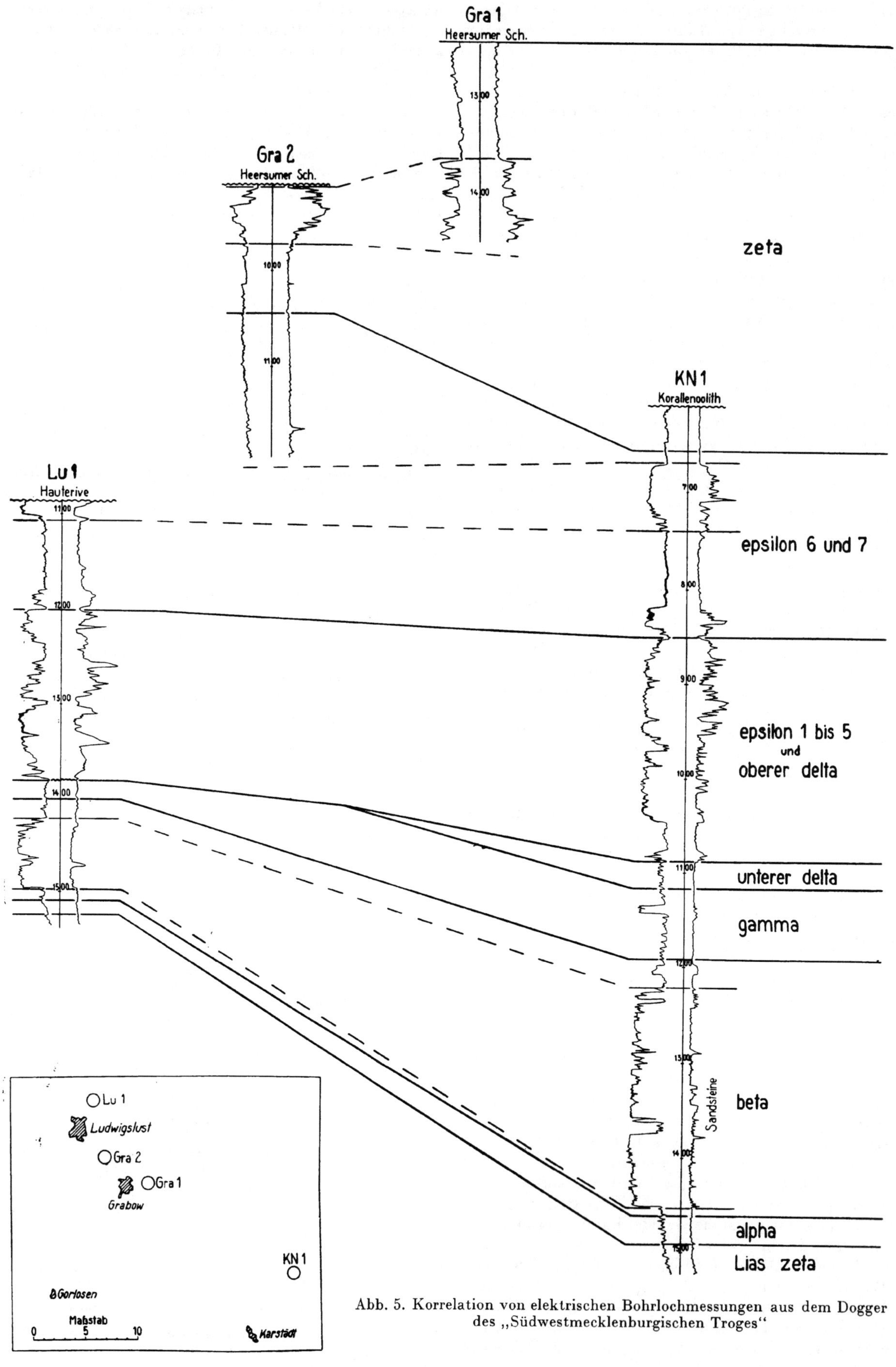

Abb. 5. Korrelation von elektrischen Bohrlochmessungen aus dem Dogger des „Südwestmecklenburgischen Troges“

fehlte, kam es im Bereich der Schwelle lediglich zur Bildung von Salzkissen, die sich zwar während der Oberkreide und des Tertiärs noch weiter entwickelten, aber in der Regel nicht zur Extrusion kommen konnten.

7. Zusammenfassung

Im Keuper besteht das etwa ENE streichende „Nordwestmecklenburgische Keuperbecken“ im nordwestlichen Mecklenburg.

Der Lias ist gekennzeichnet durch einen relativ gleichförmigen Sedimentationsraum, der durch die etwa N—S verlaufende, sich zeitlich nach Osten verschiebende Faziesgrenze marin-limnisch zweigeteilt ist.

Von Dogger bis Neokom bestehen der „Südwestmecklenburgische Trog“ und die „Nordwestmecklenburgische Schwelle“.

Der Trog ist charakterisiert durch das Vorhandensein vollständiger Schichtserien mit hohen Mächtigkeiten in Dogger, Malm, Wealden oder Unterkreide und durch intensive Salzbewegungen, die in der Extrusion der Salzmassen in Form von Salzstöcken gipfelt. Die Schwelle zeichnet sich durch teilweise primäres und teilweise sekundäres Fehlen der ehemals wohl nur sehr geringmächtigen und lückenhaften Dogger-, Malm-, Wealden- und Neokomsedimente sowie durch die in der Regel lediglich bis zum Kissenstadium führenden Salzbewegungen aus. Ab Alb, d. h. während Oberkreide und Tertiär, ist Westmecklenburg wieder ein einheitlicher Sedimentationsraum.

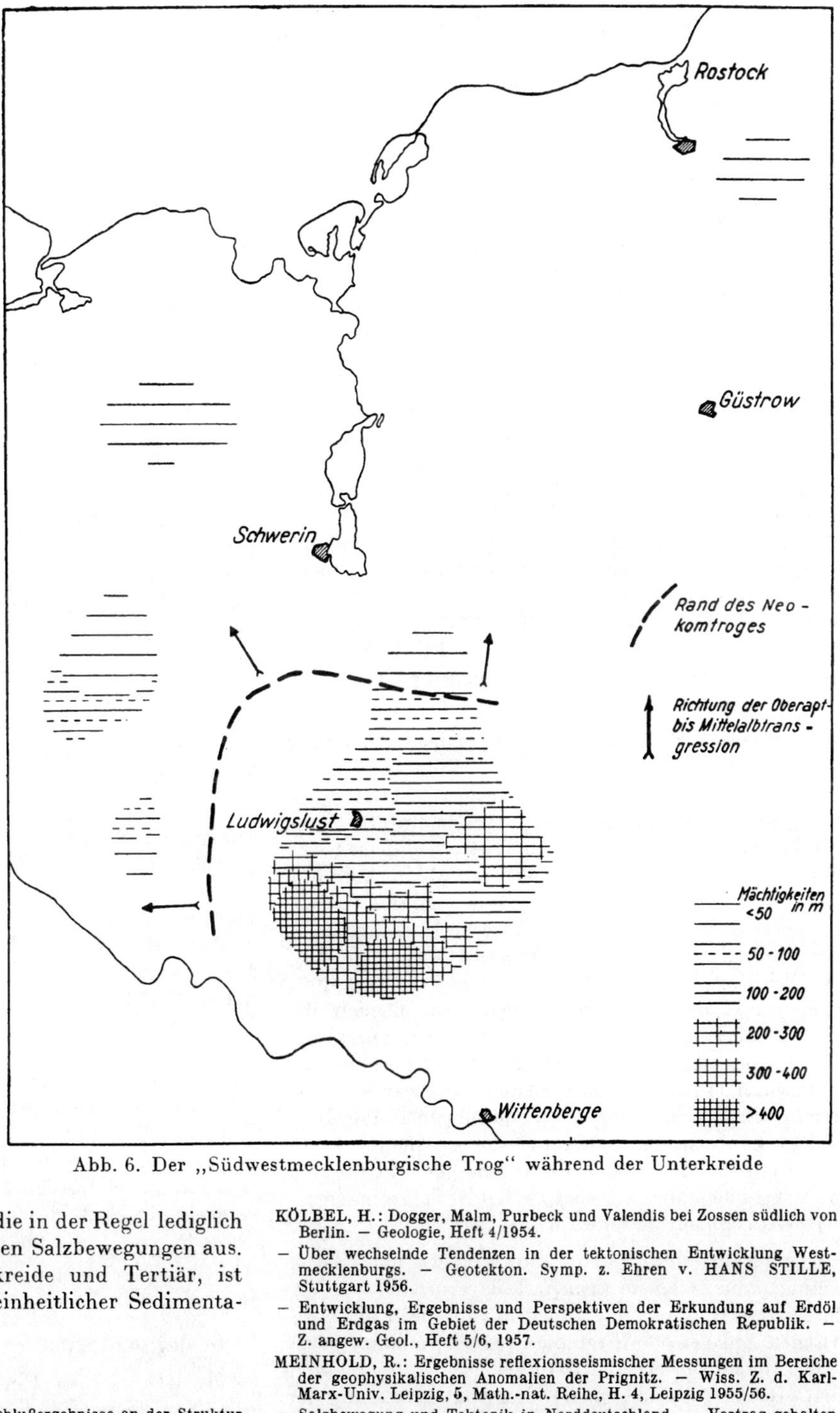

Abb. 6. Der „Südwestmecklenburgische Trog“ während der Unterkreide

Literatur

BAUERSCHÄFER, R.: Geologische Aufschlußergebnisse an der Struktur Gorlosen (Südwestmecklenburg). — Vortrag gehalten auf der Jahrestagung der Geol. Ges. in der DDR am 24. 4. 1958 in Stralsund.

BENTZ, A.: Die Erdölbohrung Landesvater bei Salzwedel (Altmark). — Jb. pr. geol. Landesanst. **51**, T. 2, Berlin 1931.

BUBNOFF, S. v.: Überblick über die Geologie Ostmecklenburgs (Vorpommern) und seiner Grenzgebiete. — Geologica **3**, Berlin 1949.

GEINITZ, E.: Geologie Mecklenburgs, II. Teil: Das ältere Gebirge. — Rostock 1922.

HECHT, F., H.-A. HEDEMANN & F. KABELAC: Zur Tektonik und Stratigraphie am Nordwestrand des Gifhorner Troges. — Geol. Jb. **74**, Hannover 1957.

HOFFMANN, K.: Zur Paläogeographie des nordwestdeutschen Lias und Doggers. — Erdöl und Tektonik in Nordwestdeutschland, Hannover-Celle 1949.

HÖHNE, R.: Beiträge zur Stratigraphie, Tektonik und Paläogeographie des südbaltischen Rhät-Lias, insbesondere auf Bornholm. — Abh. Geol.-pal. Inst. Greifswald **12**, Greifswald 1933.

KLINGLER, W.: Mikrofaunistische und stratigraphisch-fazielle Untersuchungen im Kimmeridge und Portland des Weser-Aller-Gebietes. — Geol. Jb. **70**, Hannover 1955.

KÖLBEL, H.: Dogger, Malm, Purbeck und Valendis bei Zossen südlich von Berlin. — Geologie, Heft 4/1954.

— Über wechselnde Tendenzen in der tektonischen Entwicklung Westmecklenburgs. — Geotekton. Symp. z. Ehren v. HANS STILLE, Stuttgart 1956.

— Entwicklung, Ergebnisse und Perspektiven der Erkundung auf Erdöl und Erdgas im Gebiet der Deutschen Demokratischen Republik. — Z. angew. Geol., Heft 5/6, 1957.

MEINHOLD, R.: Ergebnisse reflexionsseismischer Messungen im Bereiche der geophysikalischen Anomalien der Prignitz. — Wiss. Z. d. Karl-Marx-Univ. Leipzig, **5**, Math.-nat. Reihe, H. 4, Leipzig 1955/56.

— Salzbewegung und Tektonik in Norddeutschland. — Vortrag gehalten auf der Jahrestagung der Geol. Ges. in der DDR am 24. 4. 1958 in Stralsund.

NØRVANG, A.: The Foraminifera of the Lias Series in Jutland, Denmark. — Copenhagen 1957.

RÜDDIGER, G.: Petrographische und fazielle Ausbildung der Doggersande Schleswig-Holsteins. — Erdöl und Kohle **10**, Hamburg 1957.

SCHOTT, W.: Die Gliederung im nordwestdeutschen Räthbecken. — Ber. Reichsamts. f. Bodenforsch., Wien, Jhrg. 1942.

— Zur Paläogeographie des nordwestdeutschen Malm. — Erdöl und Tektonik in Nordwestdeutschland, Hannover-Celle 1949.

SCHUH, FR.: Tiefbohrung Brömsenberg. — Mitt. meckl. geol. Landesanst. **39**, NF 4, Rostock 1930.

— Die geologischen Ergebnisse von fünf Tiefbohrungen aus den Jahren 1928/29, sowie neue Mitteilungen von drei älteren Tiefbohrungen in Mecklenburg. — Ebenda **41**, NF 6, Rostock 1933.

SEITZ, O.: Zur Paläogeographie des Wealden auf der Pompeckjschen Schwelle. — Erdöl und Tektonik in Nordwestdeutschland, Hannover-Celle 1949.

TRUSHEIM, F.: Über Halokinese und ihre Bedeutung für die strukturelle Entwicklung Norddeutschlands. — Z. D. G. G. **109**, Hannover 1957.

Die erdmagnetische Vermessung von Nordwestsachsen

Mitteilung Nr. 44 aus dem VEB Geophysik, Leipzig

MARTIN LEHMANN, Leipzig

1. Vorbemerkung

Die erdmagnetische Regionalvermessung von Nordwestsachsen erfolgte bereits einmal durch GBUREK als Arbeit des Geophysikalischen Instituts der Universität Leipzig in den Jahren 1936/37 zusammen mit der Bearbeitung des westlich anschließenden Gebietes durch LAUTERBACH (1938). Der frühe Tod GBUREKS verhinderte eine Veröffentlichung der Arbeit, und durch die Kriegsereignisse gingen fast alle Unterlagen, insbesondere die zahlreichen von GBUREK durchgeführten Suszeptibilitätsbestimmungen an Porphyrproben, verloren. Übriggeblieben war lediglich eine verkleinerte Isanomalenkarte, an Hand derer LAUTERBACH (1949) die wichtigsten Ergebnisse der Untersuchung in vorläufiger Form veröffentlichte. Er war dafür um so mehr geeignet, als er bereits während der Feldarbeiten in regem Gedankenaustausch mit GBUREK stand und auf mündliche Äußerungen desselben hinsichtlich der Deutung des Anomalienbildes zurückgreifen konnte.

Nach dem Kriege nahm der VEB Geophysik die erdmagnetische Regionalvermessung in der DDR wieder auf. Im Rahmen dieser Arbeiten erfolgte die nochmalige Vermessung des nordwestsächsischen Gebietes, die besonders deshalb notwendig war, da Untersuchungen im Thüringer Wald gezeigt hatten, daß mit der früher bei Regionalmessungen üblichen Meßtechnik mit Punktabständen von mehreren Kilometern in Gebieten mit oberflächlich anstehenden Eruptiva bzw. Kristallin kein hinreichend genaues Isanomalenbild zu erreichen ist. Dies hatte auch GBUREK zum Teil schon erkannt, doch war es ihm als einzelnem gar nicht möglich, die erforderliche hohe Punktzahl zu bewältigen, zumal die damals benutzten Schneidenwaagen eine schnellere Meßtechnik nicht zuließen. Außerdem war es notwendig, die Suszeptibilitätsuntersuchungen an Porphyrproben zu wiederholen, da hiervon überhaupt keine Unterlagen mehr vorhanden sind, und auch die übrigen im Meßgebiet auftretenden Gesteine auf ihre magnetische Wirksamkeit zu untersuchen.

Die Blätter Leipzig-Ost, Markkleeberg und Borna konnten nur zu einem kleinen Teil vermessen werden, da in diesem Gebiet die Straßenbahn sowie die elektrischen Anlagen von Braunkohlengruben die magnetischen Messungen erheblich stören. Die Ergebnisse von Blatt Belgern wurden aus der Regionalvermessung der Elbtalzone durch SIEMENS (1935) übernommen.

Die vorliegende Arbeit umfaßt die Meßtischblätter:

Zschortau 4540	Eilenburg 4541	Thallwitz 4542	Schildau 4543	Belgern 4544
Leipzig-Ost 4640	Brandis 4641	Wurzen 4642	Dahlen 4643	Wellerswalde 4644
Markkleeberg 4740	Naunhof 4741	Grimma 4742	Mutzschen 4743	Oschatz 4744
Borna 4840	Bad Lausick 4841	Colditz 4842	Leisnig 4843	Döbeln 4844

2. Meßtechnische Angaben

Die erdmagnetische Regionalvermessung von Nordwestsachsen erfolgte in den Jahren 1954 bis 1957 durch Meßtrupps des VEB Geophysik unter der Leitung von Dipl.-Geophys. FISCHER, Dipl.-Geophys. NEUMANN und H. POHLERS. Gemessen wurde ausschließlich die Z-Komponente mit Bandwaagen nach FANSELAU. Die Zahl der vermessenen Stationen ist je nach der geologischen Situation größeren Schwankungen unterworfen. Sie beträgt pro Meßtischblatt 1000 bis 2000 Punkte. Durch den Einsatz von Kraftfahrzeugen war es möglich, die Anzahl der Basispunkte verhältnismäßig klein zu halten (1 Basispunkt für jedes Meßtischblatt).

Das Niveau der Vermessung ergab sich durch Anschlüsse der Basispunkte an die Stationen I. Ordnung Observatorium Collm 50 γ und Pomßen 60 γ (Niemegk $= 0\ \gamma$).

Zum Abzug des Normalfeldes diente eine Tabelle des Geomagnetischen Instituts von Potsdam, in der das Normalfeld für 1950,5 nach der Formel von RÖSSIGER berechnet ist.

Die Bestimmung der Suszeptibilität in cgs-Einheiten erfolgte im Petrophysikalischen Labor des VEB Geophysik mit einer Suszeptibilitätsmeßbrücke nach der Methode WIEN-MAXWELL. Sie beschränkte sich für jedes im Meßgebiet vorkommende Gestein auf wenige Proben, die für die Messung auf Korngrößen von 1–2 mm zerkleinert werden mußten. Darüber hinaus nahm E. FRENZEL von der Abteilung Geologie des VEB Geophysik mit Handstücken Ablenkungsbestimmungen an der Feldwaage vor. Obgleich diese Methode nur relative Werte ergibt, hat sie den Vorteil, daß sie sehr wenig Zeit beansprucht und deshalb an zahlreichen Proben vorgenommen werden konnte. Insgesamt kamen ~ 10000 Gesteinsproben zur Untersuchung, so daß sich ein guter Überblick über die magnetische Wirksamkeit der Gesteine von Nordwestsachen ergab.

Das Ergebnis der Suszeptibilitätsmessungen sowie die Ablenkungswerte der betreffenden Probe sind in der folgenden Tabelle zusammengestellt.

3. Geologisch-tektonische Übersicht von NW-Sachsen

Die tektonischen Einheiten von NW-Sachsen sind der Nordsächsische Sattel und die Nordsächsische Mulde, Teile des varistischen Gebirges. Durch den Grimma–Leisniger Quersattel wird die Mulde in das Frohburg–Geithainer Becken und das Mügelner Becken geteilt. Im Süden schließt sich die Antiklinale des Granulitgebirges an.

Nur an wenigen Stellen tritt das Grundgebirge zutage, einmal in den meist kontaktmetamorphen Grauwacken und Tonschiefern im Westen von Leipzig, zum anderen in den WSW–ENE streichenden und steil nach SSE einfallenden quarzitischen

Gestein	Fundort	MBl.	Susz. $\varkappa \cdot 10^6$ (cgs-E)	Ablenkungswert a. d. Feldwaage (in 10^{-1} pars)
Pyroxengranitporphyr	Wachtelberg	4642	2070	650
,,	Kohlenberg b. Brandis	4641	290	110
,, quarzarm	südwestl. Pyrna	4642	182	70
Pyroxenquarzporphyr	Str. Kühren – Luppa	4643	1300	420
,,	südwestl. v. Nemt	4642	127	50
,,	bei Wermsdorf	4642	306	110
,,	Haselberg b. Brandis	4741	530	180
,,	b. Kleinsteinberg	4641	562	190
,,	Dewitzer Berg bei Taucha	4641	360	90 – 110
,,	Wolfsberg b. Lüptitz	4542	814	220 – 310
,,	Frauenberg b. Collmen	4542	360	80 – 110
,,	Frauenberg b. Altenhain	4642	578	155
,,	Wermsdorf Forstort 61	4642	373	130
,,	Butterberg nordöstl. Wermsdorf	4743	218	80
,,	kl. Spitzberg b. Grethen	4741	412	110
,,	Forstrevier Wermsdorf	4643	200	70
,,	Ruhmberg b. Grimma	4742	647	260
Quarzporphyr	bei Leulitz	4642	93	– 10 bis + 50
Dornreichenbacher Quarzporphyr	Reichenbacher Berg	4642	68	30 – 40
Grimmaer Quarzporphyr	zw. Neunitz u. Crechwitz	4742	<40	2
Rochlitzer Quarzporphyr	Klosterholz b. Grimma	4742	226	90
,,	Alt-Oschatz	4644	388	95
,,	südl. Zschepplitz	4844	<40	20
,,	Bohrung Borna	4840	<40	10
,,	Bohrung Frauendorf	4941	<40	10
Buchheimer Quarzporphyr	b. Reichersdorf	4841	52	25
Leisniger Quarzporphyr	Bf. Klosterbuch	4844	42	20
Frohburger ,,	1 km südl. Frohburg	4941	<40	– 5 bis + 20
Porphyrit	Gersdorf-Sa.	4843	<40	15
,,	nördl. Gröppendorf	4743	<40	15
,,	Schafteich nördl. Beucha	4841	58	30
,,	Schafteich südl. Windischleuba	5041	<40	15
Granodiorit	Klippen b. Sörnewitz	4544	<40	3
,,	Windmühlenberg Lübschütz	4544	<40	4
,,	b. Otterwisch	4741	<40	2
,,	b. Leisnitz	4644	<40	10
Pechstein	Stbr. Ebersbach	4842	330	*)
,,	Bhrg. Ballendorf 2	4842	200 – 400	*)
Melaphyr	Ganzig	4745	3800	1000
Augitsyenit	Bohrung Reudnitz	4544	5 – 10 000	2 – 4000
Grauwacke Lesestein	Deditzhöhe	4742	<40	2
Grauwacke quarzitisch	südl. Collmberg	4644	<40	2
,,	Otterwisch Kühn'sches Haus	4741	<40	3
Grauwacke	Leipzig-Kleinzschocher	4639	45	4

*) remanente Magnetisierung

ergüsse des Unterrotliegenden, denen gegenüber sedimentäre Bildungen dieser Abteilung stark zurücktreten. Als älteste Glieder dieser Abfolge treten bei Beucha nordwestlich von Bad Lausick, südlich von Leisnig und ostwärts Mahlis Porphyrite und in der weiteren Umgebung von Oschatz Melaphyre zutage. Zu dieser älteren Abteilung des Unterrotliegenden gehören außerdem der Seifersdorfer und der Leisniger Quarzporphyr, von denen letzterer im Raume Leisnig – Colditz – Döbeln eine über 100 m mächtige Decke bildet. Eine noch größere Mächtigkeit erreicht der darauffolgende Rochlitzer Quarzporphyr, der auch die größte Verbreitung aufweist. Wahrscheinlich handelt es sich aber auch hier um mehrere Ergüsse, deren Unterscheidung wegen fast gleicher Zusammensetzung sehr schwierig ist. In einer Bohrung zwischen Borna und Zedtlitz wurde dieser Porphyr 1956 mit einer Mächtigkeit von fast 150 m und 1955 bei Frauendorf (MBl. Frohburg) mit einer Mächtigkeit von nahezu 400 m erbohrt. Sowohl im Gebiet des Leisniger als auch des Rochlitzer Porphyrs treten in geringem Umfange an Verwerfungsspalten gebundene Gänge von Pechstein auf (nordwestlich und südwestlich von Leisnig, bei Gersdorf und Ebersbach).

Sandsteinen und Tonschiefern von Otterwisch – Hainichen, der Deditzhöhe bei Grimma und den zur Elbtalzone gehörigen Quarziten des Oschatzer Collms, die ihre Fortsetzung in den Clanschwitzer Grauwacken finden. Der Südrand dieser Gesteinsvorkommen ist nach KOSSMAT (1922) als eine Verwerfungslinie aufzufassen. Die Kontaktmetamorphose der Leipziger Grauwacken geht auf einen Granodiorit zurück, der 1954 im Süden und Norden von Leipzig durch Bohrungen nachgewiesen werden konnte (HOHL 1954, 1955). Ein weiteres kleines Granodioritvorkommen ist bei Otterwisch aufgeschlossen, das ebenfalls durch eine Verwerfung an die Quarzite und Tonschiefer grenzt. Die Fortsetzung dieser Verwerfung liegt nach ETZOLD (1914) vermutlich nördlich der Deditzhöhe. Ein größeres Granodiorit vorkommen, das bereits zur Elbtalzone gehört, befindet sich nördlich von Oschatz in den Laaser Bergen. Nach Osten geht dieser Granit allmählich in einen mittelkörnigen Gneis über, im Süden wird er von einem Knotenglimmerschiefer begrenzt.

Über dem varistisch gefalteten Grundgebirge lagern ausgedehnte und zum Teil sehr mächtige Decken-

Über dem Rochlitzer Quarzporphyr folgt an verschiedenen Stellen eine geringmächtige Decke von Grimmaer Quarzporphyr, der zum Teil auch den Rochlitzer durchsetzt. Kleinere Ergüsse sind ferner der Frohburger und der Buchheimer Quarzporphyr, die zur Stufe des Oberen Tuffrotliegenden gehören. Als jüngster Erguß liegt über den Oberen Porphyrtuffen bzw. unmittelbar über dem Rochlitzer Quarzporphyr ein Pyroxenquarzporphyr, der außer den Mineralen des Rochlitzer Quarzporphyrs Augit, Diallag, Enstatit sowie Magnetit und Titaneisen führt. Der Gehalt an diesen Gemengteilen ist sehr starken Schwankungen unterworfen, so daß pyroxenreiche und pyroxenarme Abarten unterschieden werden.

Der Pyroxenquarzporphyr wird schließlich noch an verschiedenen Stellen von einem Pyroxengranitporphyr durchsetzt, dessen Gänge teilweise, wie bei Beucha (Leipzig), eine erhebliche Mächtigkeit aufweisen.

Die Ablagerungen des Zechsteins und Buntsandsteins besitzen nur in der Mügelner Mulde als Anstehendes eine größere Verbreitung, während der Buntsandstein der Bornaer Mulde nur randlich südlich von Bad

Lausick auf das Meßgebiet übergreift. In der bereits erwähnten Bohrung Borna wurde der Buntsandstein mit einer Mächtigkeit von rd. 50 m, der Zechstein (Gips, Anhydrit, Letten, Plattendolomit) mit einer Mächtigkeit von rd. 70 m angetroffen.

Die größte oberflächliche Verbreitung in Nordwestsachsen besitzen jedoch die Schichten des Tertiärs und Quartärs, die mit nach Westen und Norden zunehmender Mächtigkeit das Grundgebirge sowie die paläozoischen und mesozoischen Schichten vielfach verhüllen.

4. Ergebnis der Vermessung und ihre geologische Deutung

Das Augenfälligste an der beigefügten Isanomalenkarte ist eine Zweiteilung des Meßgebietes in eine Zone niedriger Störwerte mit geringen Schwankungen und eine Zone mit einem äußerst wirren Störbild. Die Grenze zwischen beiden verläuft längs des Nordrandes von Leipzig, biegt südlich Merkwitz in eine südöstliche Richtung um und erstreckt sich über Naunhof bis südlich Bad Lausick. Westlich dieser Linie liegen die Werte meist zwischen 40 bis 60 γ und überschreiten nur in zwei kleinen Anomalien südlich Naunhof 100 γ, während ostwärts genannter Linie eine Vielzahl von Störungen auftritt und über größeren Flächen die Störwerte 100 γ überschreiten.

Die Grenzlinie fällt — wie bereits ENGERT (1957) erwähnt — mit dem Auftreten der Porphyre zusammen. Im ungestörten Gebiet steht unmittelbar unter dem Tertiär fast unmagnetisches Paläozoikum an, das nördlich und südlich von Leipzig sowie bei Otterwisch von Granitstöcken durchbrochen wird. Leider sind gerade im Gebiet der Leipziger Granitvorkommen magnetische Messungen wegen künstlicher Störungen nicht durchführbar, so daß nicht festgestellt werden kann, ob sich der Granit im magnetischen Bild bemerkbar macht. Eine Spezialmessung im Gebiet des Otterwischer Granits ergab keine stärkeren Schwankungen der Störwerte. Bei den südlich Naunhof gelegenen Anomalien handelt es sich vermutlich um Deckenreste von Pyroxenquarzporphyr auf der Hochscholle, während die eigentliche Porphyrgrenze im Bereich des steilen magnetischen Gradienten zu suchen ist.

Die ausgedehnteste, allerdings sehr stark gegliederte Anomalie hat sich im Raume Merkwitz—Hainichen—Wurzen—Grimma, im folgenden Brandis-Eilenburger Anomalie genannt, ergeben. Besonders groß ist die Aufgliederung in Teilanomalien im Süden zwischen Naunhof und Wurzen. Die Störwerte liegen meist über 100 γ und überschreiten vereinzelt auch 200 γ. Auffällig ist die scharfe Begrenzung der Anomalie am Nordwestrand und das plötzliche Umbiegen der 100 γ-Isanomale bei Merkwitz von der steilerzgebirgischen in eine steilherzynische Richtung. Etwas weniger deutlich tritt die gleiche Erscheinung am Nordostende der Anomalie auf. Innerhalb der Anomalie finden sich mehrere relative Minima, in denen die Werte vielfach unter 80 γ, vereinzelt unter 60 γ absinken. Absolute Minima haben sich am Südwestrand der Anomalie im Gebiet der erwähnten stärksten Aufgliederung ergeben. Eine deutliche Streichrichtung besitzt die gesamte Störung nicht, dagegen herrscht bei den Teilanomalien im Innern die herzynische Richtung vor, während der Nordwestrand von erzgebirgisch streichenden Maxima begleitet wird.

Die Ursache dieser ausgedehnten Anomalie sind die im Raume Brandis—Wurzen—Grimma in Steinbrüchen vielfach aufgeschlossenen Pyroxenquarzporphyre sowie die sie durchsetzenden Pyroxengranitporphyre. Diese Gesteine besitzen i. a. eine Suszeptibilität von mehreren $100 \cdot 10^{-6}$ cgs-E., maximal bis über $1000 \cdot 10^{-6}$ cgs-E., die ausreicht, um magnetische Anomalien der aufgefundenen Größe hervorzurufen. Eine Trennung der beiden Gesteinstypen ist auf Grund der magnetischen Messung wegen der fast gleichen Suszeptibilität allerdings nicht möglich. Entsprechend dem Abtauchen unter jüngere Bedeckung nach Norden wird das Isanomalenbild in dieser Richtung ruhiger. Dieses flache Nordeinfallen der Porphyrdecken ruft offenbar die am Südwestrand auftretenden absoluten Minima hervor. Schwieriger zu deuten sind die mehrfach auftretenden relativen Minima. ENGERT gibt auf seiner abgedeckten geologischen Karte von Nordwestsachsen nordostwärts Leipzig sowie bei Brandis und Machern Rotliegendsedimente an. Es ist somit nicht ausgeschlossen, daß diese relativen Minima mit Sedimentmaterial angefüllte Einmuldungen in der Porphyrdecke widerspiegeln, wobei der Porphyr selbst völlig fehlen oder in seiner Mächtigkeit stark verringert sein kann.

Betrachtet man schließlich noch die scharfe Begrenzung der Anomalie im Nordwesten und z. T. im Südwesten sowie den vielfach steilen Gradienten, so ist wohl die Annahme einer tektonischen Begrenzung des Porphyrgebietes berechtigt. Dasselbe trifft für den südlichsten Zipfel der Anomalie zu, der an einer bereits von ETZOLD (1914) vermuteten tektonischen Störung sein Ende findet.

Im nordöstlichen Teil schließt sich ohne scharfe Grenze im Gebiet Kültzschau—Wildschütz—Wermsdorf (im folgenden Dornreichenbacher Anomalie genannt) eine weitere größere Störung an, wobei die Nordgrenze gegenüber der Brandis-Eilenburger Anomalie um 5 km nach Süden versetzt ist und eine flachere Streichrichtung als diese besitzt. Die Werte überschreiten zwar nur in ihrem südlichsten Teil 100 γ, doch kann wohl der sehr stark gegliederte Nordteil auf Grund des steilen Gradienten, der zwischen Kültzschau und Wildschütz am Nordrand und zwischen Wildschütz und Luppa am Ostrand auftritt, mit dem Südteil zusammen als eine Anomalie aufgefaßt werden. Ausgedehntere relative Minima besitzt die Anomalie im Nordteil und westlich Dornreichenbach. Als Streichrichtung herrscht auch hier die herzynische, z. T. steilherzynische vor, während die erzgebirgische, wie bei der Brandis-Eilenburger Störung, bei den die Nordflanke begleitenden Teilanomalien auftritt.

Auch für diese Anomalie ist, zumindest für den Südteil, die Störursache durch das Auftreten von Pyroxenquarzporphyr, der im Wermsdorfer Forst verbreitet aufgeschlossen ist, geklärt. Nach dem Isanomalenbild müßte nun ebenfalls ein Abtauchen der Pyroxenquarzporphyrdecke nach Norden angenommen werden. Im Gegensatz hierzu steht jedoch das Auftreten eines Quarzporphyrs bei Dornreichenbach, der bisher als Rochlitzer Quarzporphyr angesehen, neuerdings von LEMCKE (1957) als selbständiger Erguß ausgegliedert wurde. Nach den Untersuchungen von LEMCKE kann er jedoch nicht als pyroxenfreie Abart des Pyroxenquarzporphyrs angesehen werden. So bleibt der Widerspruch bestehen, daß der bisher als jüngster Erguß an-

Jsanomalen

−	+	
		0 - 100 γ
		100 - 200 γ
		200 - 400 γ
		400 - 1000 γ
		> 1000 γ

● Bohrung abgeschlossen bzw. in Betrieb

○ geplante weitere Bohransatzpunkte

+ + magnetische Kammlinien

0 1 2 3

MdI der DDR Nr. 4743/K 11

von NW-Sachsen 1955-1957

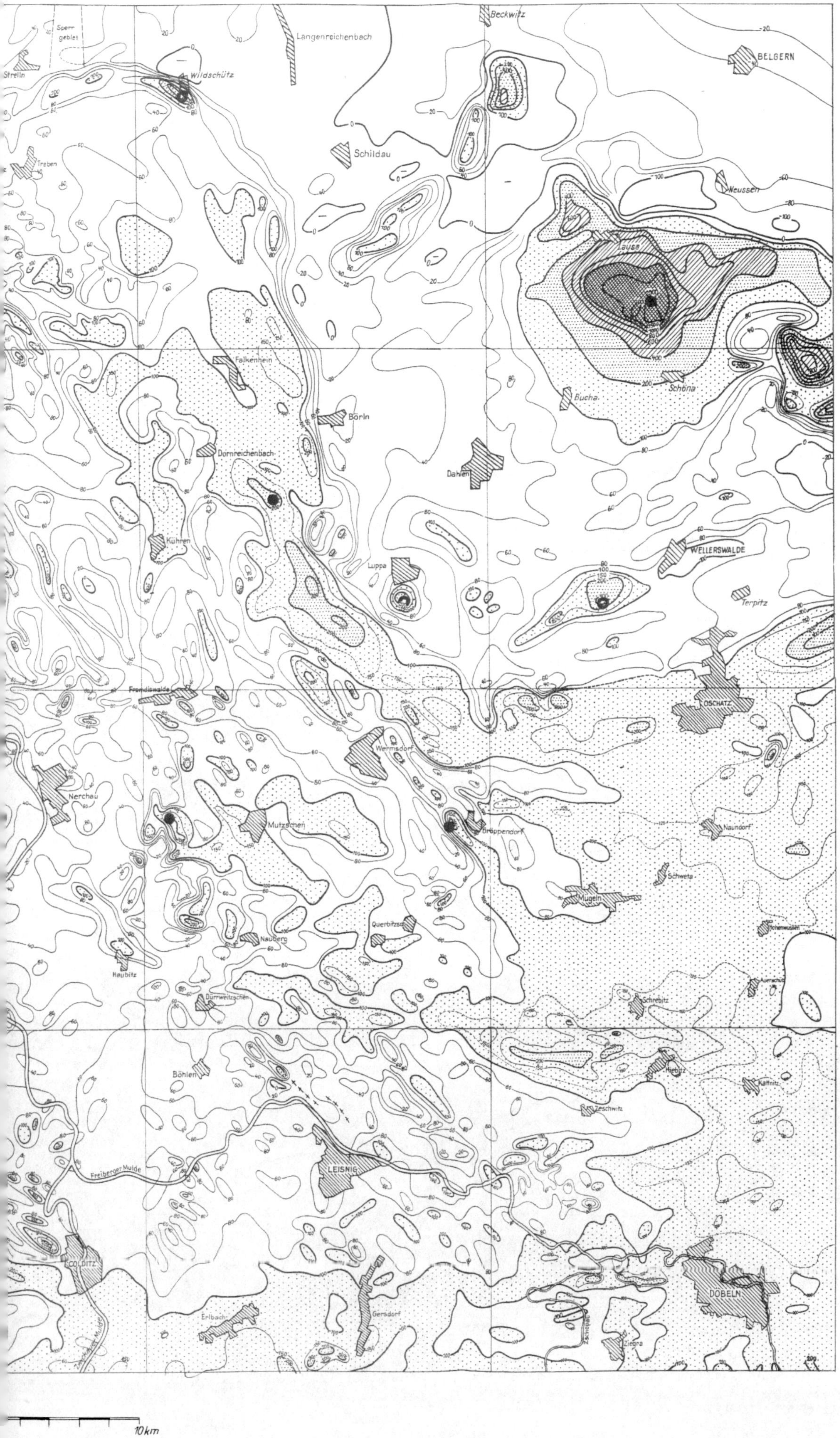

Offsetdruck: VEB Druckerei „Thomas Müntzer" Bad Langensalza

Abge

(nach ENGERT

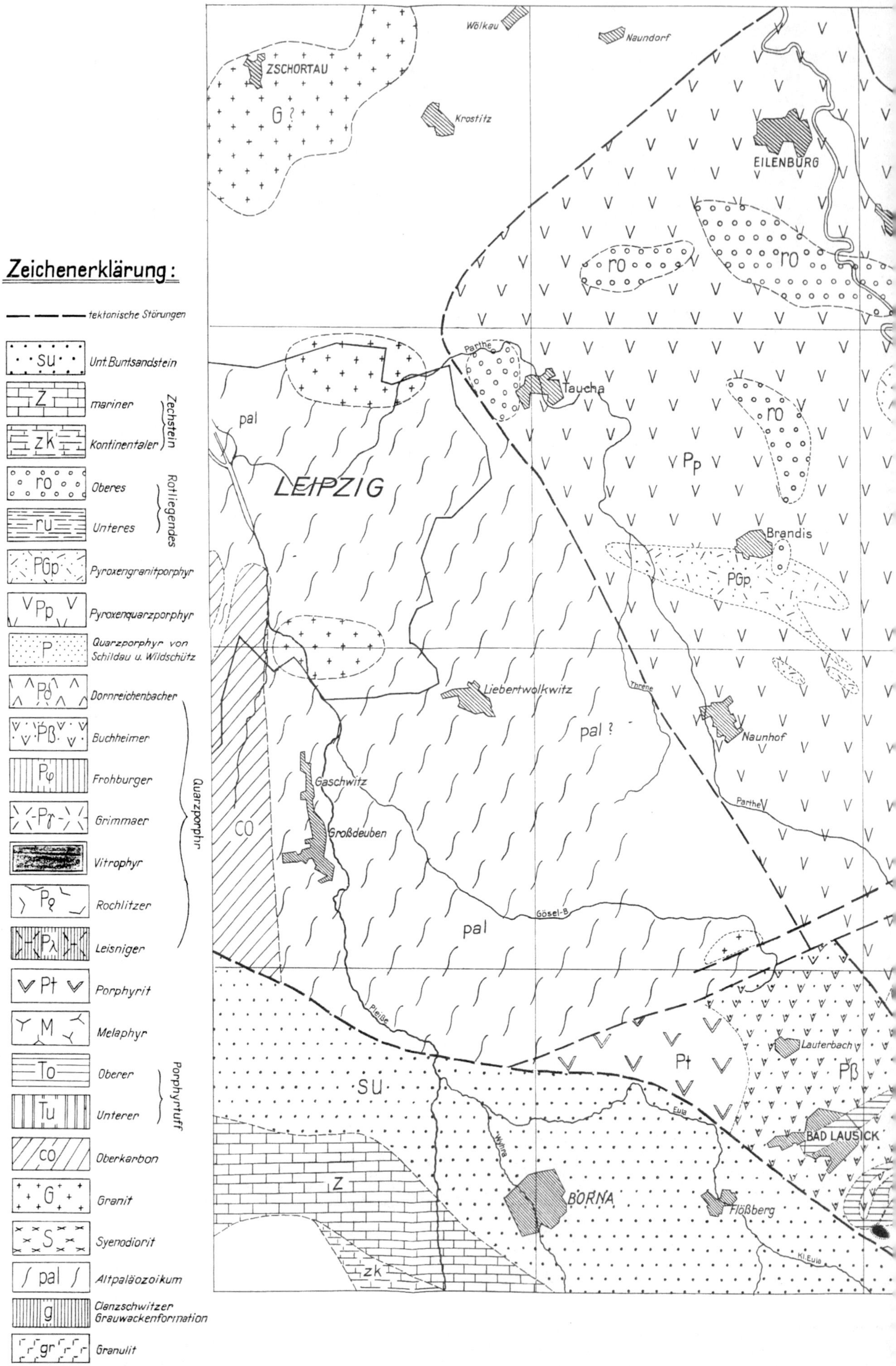

Mdl der DDR Nr. 4743/K 11

eologische Karte von NW-Sachsen

, im N und O ergänzt auf Grund magnetischer Messungen)

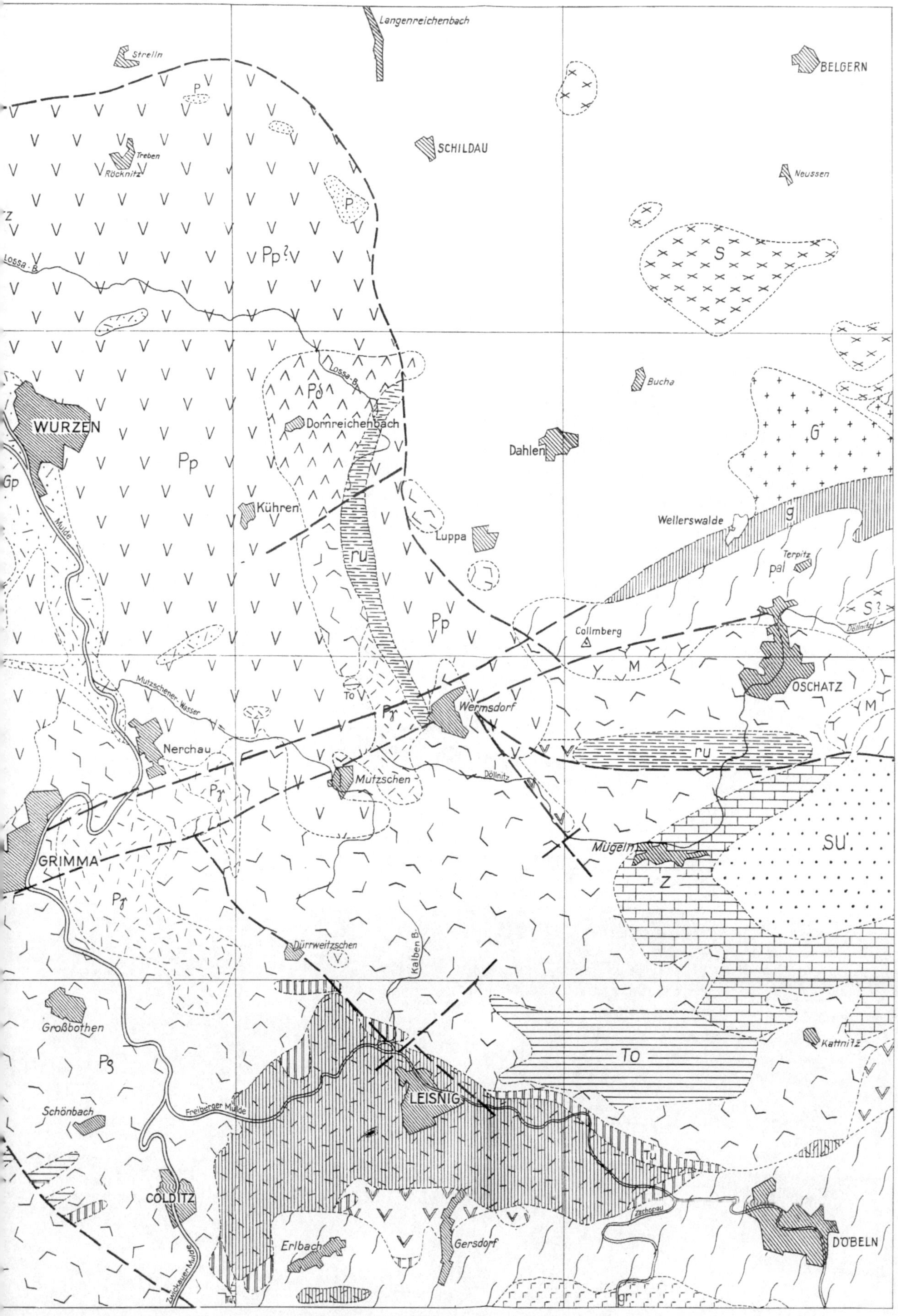

1 2 3 4 5 km

Offsetdruck: VEB Druckerei „Thomas Müntzer" Bad Langensalza

gesehene Pyroxenquarzporphyr von einem normalen Quarzporphyr überlagert wird. Es besteht allerdings auch die Möglichkeit, daß der nördliche Hauptteil der Dornreichenbacher Störung mit der durch Pyroxenquarzporphyre hervorgerufenen südlichsten Teilanomalie gar nicht im Zusammenhang steht und eine völlig andere Ursache hat. Zur Klärung dieser Frage soll eine Bohrung im Teilmaximum südostwärts Dornreichenbach und eine weitere bei Wildschütz beitragen. Erstere konnte bereits niedergebracht werden und erreichte nach 73 m Porphyrkonglomerat einen teils rötlichen, teils grünlichen grundmassearmen Quarzporphyr geringer Suszeptibilität, der bei 91 m in einen grünfleckigen Porphyr übergeht, bei gleichzeitigem sprunghaftem Ansteigen der Suszeptibilität auf $\sim 800 \cdot 10^{-6}$ cgs-E. im Mittel. Trotz dieser verhältnismäßig hohen Suszeptibilität muß das Gestein nach dem äußeren Habitus als Rochlitzer Quarzporphyr angesehen werden. Eine endgültige Einstufung ist allerdings erst nach eingehender petrographischer Untersuchung möglich. Die relativen Minima, die teilweise eine recht erhebliche Ausdehnung besitzen, wie zwischen Wildschütz und Treben sowie westlich Dornreichenbach, werden wahrscheinlich durch größere Mächtigkeiten von Rotliegendsedimenten oder Tuffen verursacht. Der steile Gradient im Norden und Osten deutet auch hier auf eine tektonische Begrenzung der Porphyrergüsse. Offenbar ist die gesamte Porphyrplatte saxonisch zerbrochen, wobei die einzelnen Schollen gegeneinander verschoben bzw. gekippt wurden, was auch durch die Versetzung der Nordgrenze der Dornreichenbacher Anomalie gegenüber der Brandis-Eilenburger Anomalie wahrscheinlich gemacht wird.

Eine weitere Anomaliengruppe hat sich im Raume Mutzschen—Nauberg—Querbitzsch ergeben, deren einzelne Anomalien ebenfalls herzynisch bis steilherzynisch streichen und in Maxima 150 γ überschreiten.

Ihre Deutung gestaltet sich noch schwieriger, da sich aus dem Oberflächenbefund überhaupt keine Anhaltspunkte ergeben haben. Die in nur wenigen Aufschlüssen aus der pleistozänen Bedeckung herausragenden Porphyre (Pp, Pρ und Pγ) besitzen nur eine sehr geringe Magnetisierbarkeit. Einen gewissen Anhaltspunkt für die Deutung erbrachte eine Bohrung, die im Teilmaximum an der Meßtischblattgrenze westlich Mutzschen in 11 m einen graublauen Quarzporphyr (Pyroxenquarzporphyr?) erteufte, dessen mittlere Suszeptibilität $150-300 \cdot 10^{-6}$ cgs-E. bei Maximalwerten von $\sim 1000 \cdot 10^{-6}$ cgs-E. beträgt. Inwieweit dieses Ergebnis auch für die übrigen Teilanomalien dieses Gebietes Gültigkeit hat, könnten nur weitere Bohrungen klären.

Im mittleren Teil des Meßgebietes zwischen Wurzen—Nerchau—Fremdiswalde—Kühren einerseits sowie Nerchau—Grimma—Colditz—Leisnig andererseits treten zahlreiche kleine Anomalien auf, deren Erstreckung meist nur wenige hundert Meter beträgt und deren Höchstwerte nur selten 100 γ überschreiten. Bisweilen lassen sich diese Einzelanomalien auf mehr oder weniger steilherzynisch streichenden Linien über mehrere Kilometer verfolgen. So konnte der ostwärts von Leisnig aufgefundene Anomalienzug durch Kammlinien, die aus ergänzenden Profilmessungen erhalten wurden, bis in die Gegend südlich Nerchau nachgewiesen werden. Nordwestlich Leisnig scheint dieser Zug durch eine tektonische Querstörung versetzt zu sein, während bei Haubitz vermutlich eine Flexur vorliegt. Desgleichen konnte ein weiterer Anomalienzug zwischen der Mutzschener und Dornreichenbacher Anomalie von Gröppendorf bis nordwestlich Wermsdorf verfolgt werden. Wahrscheinlich ließen sich noch weitere Anomalienzüge auffinden. Die hierzu notwendigen Ergänzungsprofile würden jedoch weit über den Rahmen einer Regionalvermessung hinausgehen.

Die Mehrzahl dieser kleinen Anomalien steht wahrscheinlich im Zusammenhang mit örtlich auftretenden Magnetitanreicherungen in den sonst fast magnetitfreien Quarzporphyren. Das im übrigen gering gestörte Gebiet stimmt, von den erwähnten Ausnahmen abgesehen, recht gut mit der Verbreitung der Quarzporphyre (Pρ, Pγ, Pλ) überein, wobei eine Trennung der einzelnen Ergüsse nicht möglich ist. Inwieweit einzelne größere Anomalien bzw. Anomaliengruppen im Zusammenhang mit Eruptionszentren stehen, kann aus den magnetischen Messungen allein nicht entschieden werden. Geologischerseits werden solche Zentren nördlich und südlich Grimma sowie bei Luppa, wo auch magnetische Anomalien auftreten, vermutet. Neben diesen Gebieten wären auf Grund der Ergebnisse der Magnetik die oben erwähnten Anomalienzüge als Förderzonen für die Porphyrergüsse in Betracht zu ziehen. Zur Klärung des Problems sind südlich Wurzen zwei und in dem kreisförmigen Maximum südlich Luppa eine Bohrung vorgesehen.

Auf den Blättern Oschatz und Döbeln liegen die Störwerte fast allgemein über 100 γ, wobei nur geringe Schwankungen zu verzeichnen sind. Vermutlich handelt es sich hierbei um die letzten Ausläufer einer umfangreichen, zur Elbtalzone gehörigen Anomalie. Bemerkenswert sind mehrere teils flach- teils steilherzynisch streichende, fingerartige Ausstülpungen, die durch die 100 γ-Isanomale gebildet werden. Die nördlichste findet ihr Ende an der Dornreichenbacher Anomalie. Dagegen lassen sich die beiden südlich davon gelegenen durch schmale Teilanomalien und Kammlinien bis auf das Blatt Mutzschen verfolgen, wo sie sich bei Wermsdorf vereinigen. Es ist nicht ausgeschlossen, daß der eine Anomalienzug mit der hier ausklingenden Lausitzer Überschiebung in Zusammenhang gebracht werden kann, während der andere mit einer bereits von WETTIG (1928) angegebenen tektonischen Störung zusammenfällt. Es ist somit nicht unwahrscheinlich, daß auch die übrigen bisher nicht bekannte Dislokationen widerspiegeln, deren basische Füllungen als subsequenter Magmatismus zu den Elbtalplutonen aufgefaßt werden könnten. Eine Bohrung im Teilmaximum bei Mahlis brachte zumindest für diesen Anomalienzug weitere Anhaltspunkte. Der nach 24 m Deckgebirge angefahrene Glimmerporphyrit besitzt eine steil stehende Fließtextur und zahlreiche Fremdeinschlüsse, was auf die Nähe einer Förderzone schließen läßt. Außerdem weist das frische Gestein eine hohe remanente Magnetisierung auf.

Der längste Anomalienzug konnte durch Ergänzungsprofile zwischen Leisnig und Nerchau festgestellt werden. Ein Zusammenhang mit einer fingerartigen Ausstülpung der Elbtalzonenanomalie ist hier nicht sicher erkennbar, da in diesem Raum der Einfluß der Granulitgebirgsrandstörung beginnt, wodurch die Begrenzung der Elbtalanomalie unscharf wird. Als Spaltenfüllung muß bei diesem Zug, zumindest für das Gebiet nördlich von Leisnig, der dort kartierte Pechstein angenommen werden, der eine erhebliche Suszeptibilität besitzt. Die südlich Leisnig auftretenden Pechsteinvorkommen scheinen dagegen nur von einer sehr geringen Ausdehnung zu sein, da sie trotz der Vermessung einiger Profile magnetisch nicht erfaßt werden konnten.

Die kleinen Anomalien südöstlich Oschatz und nördlich Lampertsdorf werden offenbar von dem dort kartierten Melaphyr verursacht, der z. T. eine recht hohe Suszeptibilität besitzt.

Südlich der Linie Colditz—Döbeln steigen die Werte ebenfalls auf über 100 γ an. Die 100 γ-Isanomale ist hier die Nordgrenze einer ausgedehnten, fast 10 km breiten Anomalie, die sich an den West- und Nordrand des Granulitgebirges anschmiegt und vermutlich von einem metamorphen Gestein (Cordieritgneis?) verursacht wird.

Südlich Colditz schließt sich an die Granulitgebirgsanomalie ein herzynisch streichender Störungszug an, der sich bis in die Gegend von Beucha westlich Bad Lausick verfolgen läßt. Südostwärts von Bad Lausick werden in einem Teilmaximum dabei Werte über 400 γ erreicht. Im südlich angrenzenden Gebiet schwanken die Werte auf engem Raum zwischen -300 und $+500\gamma$, so daß in der Isanomalenkarte hiervon nur ein stark vereinfachtes Abbild gegeben werden konnte.

Diese Anomalien stehen offensichtlich im Zusammenhang mit dem bei Buchheim und Ebersbach aufgeschlossenen Pechstein. In beiden Aufschlüssen zeigt der Pechstein bei z. T. hoher Remanenz eine ausreichende Suszeptibilität, um als Ursache für die in diesem Raum festgestellten magnetischen Störungen in Frage zu kommen. Außerdem erbrachten mehrere südostwärts Buchheim niedergebrachte Bohrungen ebenfalls Pechstein mit den gleichen Suszeptibilitätswerten. Eine Aussage darüber, ob es sich bei den Vorkommen um mehrere Gänge oder eine staffelförmig zerbrochene Decke handelt, ist allerdings auf Grund der bisherigen Bohrergebnisse noch nicht möglich. Die nordwestlich von Bad Lausick auftretenden Anomalien scheinen von dem dort vorkommenden Porphyrit verursacht zu werden. Obgleich das anstehende zersetzte Material nahezu unmagnetisch ist, muß, wie die Bohrung Mahlis gezeigt hat, mit einer Zunahme der Suszeptibilität und besonders der Remanenz in der Tiefe gerechnet werden. Zu erwähnen wäre noch, daß diese Anomalien dort auftreten, wo nach ENGERT (1957) die Fortsetzung der Halleschen Marktplatzverwerfung anzunehmen ist.

Mit dem Meßtischblatt Zschortau und dem nordwestlichen Zipfel des Blattes Eilenburg wurde der südöstlichste Teil der von BEIN (1933) aufgefundenen Delitzscher Anomalie erfaßt. Durch die wesentlich dichtere Neuvermessung konnte festgestellt werden, daß einmal die Anomalie mehrfach gegliedert ist und zum anderen die Maximalwerte erheblich höher liegen (über 500 γ), als bisher bekannt war.

Als mögliche Ursachen der Delitzscher Anomalie wurden bereits von BEIN (1933) und LAUTERBACH (1938) ein Pluton oder ein Eruptionszentrum der Porphyrergüsse angenommen. Die jetzige Vermessung zeigt, daß ein Zusammenhang mit den nordwestsächsischen Porphyren sicher nicht besteht. Ob ein solcher mit den Halleschen Porphyren vorhanden ist, kann nur durch eine dichte Regionalvermessung in diesem Gebiet geklärt werden. Nach dem bisherigen Ergebnis dürfte ein Pluton als Störursache wahrscheinlicher sein.

Zu erwähnen wäre schließlich noch die durch Messungen von BEIN (1933) und SIEMENS (1935) bekannte Anomalie von Reudnitz-Bockwitz, die vom Südteil des Blattes Belgern auf den Nordteil des Blattes Wellerswalde übergreift. Mit über 2000 γ werden hier die höchsten Werte des Meßgebietes erreicht.

Die Ursache dieser Anomalie konnte 1957 durch eine Bohrung in einem Teilmaximum geklärt werden. Wie vermutet worden war (LETTAU 1937), handelt es sich um einen pyroxenführenden Syenit, dessen Oberkante in einer Tiefe von 40 m erreicht wurde. Eine ähnliche Störursache kann wohl auch für den erzgebirgisch streichenden Anomalienzug mit Höchstwerten über 400 γ südostwärts Schildau angenommen werden.

5. Zusammenfassung

Die magnetische Regionalvermessung von Nordwestsachsen hat eine Fülle von Problemen aufgeworfen, deren Lösung nur durch weitere Spezialmessungen in Verbindung mit mehreren Bohrungen möglich ist. Mit Sicherheit sind lediglich die Pyroxenquarz- und Pyroxengranitporphyre sowie der Augitsyenit als Ursache für das Auftreten größerer Anomalien verantwortlich. Außerdem ließ sich eine tektonische Begrenzung der nordwestsächsischen Porphyrplatte aus dem magnetischen Bild erkennen. Eine Trennung der verschiedenen Quarzporphyrergüsse war auf Grund der magnetischen Messungen nicht möglich, da deren Suszeptibilität i. a. die gleichen niedrigen Werte besitzt.

Kleinere Anomalien werden von Pechstein, Porphyrit und Melaphyr hervorgerufen. Alle übrigen Deutungsversuche besitzen nur eine mehr oder minder große Wahrscheinlichkeit, so daß besonders hinsichtlich des tektonischen Baues der nordsächsischen Mulde weitere Spezialuntersuchungen notwendig sind.

Literatur

BEIN, E.: Die Geologie des Gebietes zwischen Saale und Elbe im Lichte erdmagnetischer Messungen.— Beitr. z. physikal. Erforsch. d. Erdrinde, Heft 6, Preuß. Geol. Landesanst., Bln. 1933.

ENGERT, P.: Der prätertiäre Untergrund von Nordwestsachsen und seine Tektonik.— Ber. d. Geol. Ges. i. d. DDR, 2. Band, Nr. 3, 1957.

ETZOLD, F.: Über das Auftreten von Granit und über Dislokationen im nordwestlichen Sachsen.— Zentralbl. f. Min., Geol. u. Pal. 1914.

HOHL, R.: Ergebnis einiger Tiefbohrungen im Nordosten von Leipzig. —Ztschr. Geologie, 3. Jg., 1954.

— Der Leipziger Granit.— Ztschr. Geologie, 4. Jg., 1955.

KOSSMAT, F.: Beiträge zur Kenntnis der Lausitzer Störung und ihrer Vorgeschichte.— Ber. üb. d. Verhandl. d. Sächs. Akad. d. Wiss. zu Leipzig, 74. Band, 1922.

LAUTERBACH, R.: Geomagnetische Untersuchungen in Nordwestsachsen und Nordost-Thüringen.— Veröffentl. d. Geophys. Inst. d. Univ. Leipzig, zweite Serie, Band IX, Heft 5, 1938.

— Leo Gbureks geomagnetische Vermessung von Nordwest-Sachsen.— Veröffentl. d. Geophys. Inst. d. Univ. Leipzig, zweite Serie, Bd. XV, 1949.

LEMCKE: Tektonische und petrographische Untersuchungen am Rochlitzer Quarzporphyr.— Unveröffentl. Diplomarbeit aus dem Geol. Inst. der Bergakademie Freiberg 1957.

LETTAU, H.: Die erdmagnetische Anomalie bei Reudnitz und ihre geophysikalisch-geologische Deutung.— Veröffentl. d. Geophys. Inst. d. Univ. Leipzig, Band X, 1937.

PIETZSCH, K.: Abriß der Geologie von Sachsen.— 1956.

SIEMENS, G.: Erdmagnetische Untersuchungen der Elbtalzone zwischen Torgau und Dresden.— Beitr. z. physikal. Erforschung d. Erdrinde, Heft 7, Preuß. Geol. Landesanstalt Bln. 1935.

WETTIG, E.: Das Rotliegende der nordwestsächsischen Mulde unter Berücksichtigung der Tiefbohrungsergebnisse von Saalhausen-Kreischa.— Ztschr. d. Deutsch. Geol. Ges., 79. Band, 1927.

Neue Methoden der paläotektonischen Analyse in Tafelgebieten[1)]

W. B. NEUMAN, Moskau

Bei der paläotektonischen Analyse verwendet man gewöhnlich Mächtigkeitskarten und paläotektonische Profile. Bei der methodisch wohlbekannten Konstruktion solcher Darstellungen darf man nur die Mächtigkeiten derjenigen Horizonte benutzen, die von Schichten einheitlichen Alters bedeckt sind; sonst gibt das Schema nicht die tektonischen Verhältnisse einer bestimmten Zeit wieder. Mächtigkeitsänderungen von weniger als 10—20 m darf man vernachlässigen, da sie weitgehend atektonisch sein können.

Anstelle einer fortlaufenden Reihe von Karten mit den Mächtigkeiten der einzelnen Horizonte kann man auch Karten der summierten Mächtigkeiten in fortlaufender Reihe konstruieren. So kann man die Entwicklung einer oder auch mehrerer Schichtoberflächen mit der Zeit darstellen.

An neuen Methoden werden hier vorgeschlagen:

1. Graphische Darstellungen generalisierter Kennziffern,
2. Profile des regionalen Ablaufes der Tektonik,
3. Profile und graphische Darstellungen der Bildung tektonischer Elemente.

Graphische Darstellungen generalisierter Kennziffern

Der allgemeine Charakter der im einzelnen unterschiedlichen tektonischen Bewegungen auf einem Gebietsteil kann auf Grund von 5 bis 6 Bohrungen erkannt werden. Je größer die Differenz der maximalen und minimalen Mächtigkeiten eines Horizontes, die Amplitude des paläotektonischen „Reliefs" auf dieser Fläche, desto größer war deren tektonische Aktivität zur Bildungszeit des Horizontes.

$$K_1 = h_{max} - h_{min}. \quad (1)$$

Die Mächtigkeitsdifferenzen für aufeinanderfolgende Zeitabschnitte in einem Gebietsteil können tabellarisch (Tabelle 1,

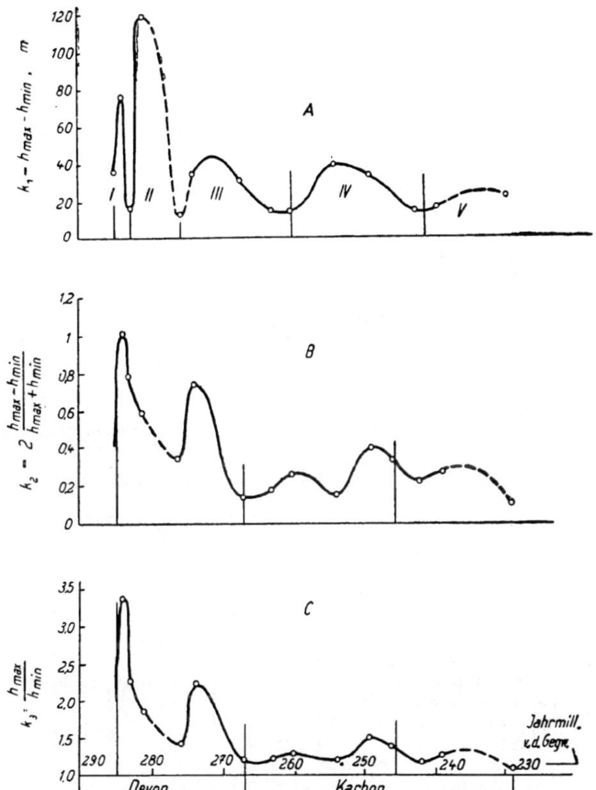

Abb. 1. Graphische Darstellung generalisierter Kennziffern für den Gebietsteil Shigulewsk—Strelnsk—Solny. Die Symbole sind in Tabelle 1 erklärt

A — Differenz der extremen Mächtigkeitswerte; B — Gewogene Differenz der extremen Mächtigkeitswerte; C — Verhältnis der extremen Mächtigkeitswerte.

Tabelle 1

1	2	3	4	5	6
Stratigraphische Abschnitte	Maximale Mächtigkeit h_{max}, in m	Minimale Mächtigkeit h_{min}, in m	Differenz der extremen Mächtigkeiten, K_1, in m	Gewogene Differenz der Mächtigkeiten, K_2	Verhältnis der extremen Mächtigkeitswerte, K_3
Ober-Givet-Unterstufe D_2giv_s	100	64	36	0,44	1,6
Paschija-Suite D_3pas	109	32	77	1,10	3,4
Kyn-Schichten D_3kjn	28	12	16	0,80	2,3
Ober-Schtschigry-Schichten D_3sc_s	252	132	120	0,62	1,9
Ssemiluki-Schichten D_3sem	–	–	–	–	–
Woronesch- und Jewlanowo-Liwny-Schichten $D_3vor+ev-lv$	47	33	14	0,35	1,4
Sadonsk-Jelez-Schichten D_3zd-el	63	29	34	0,74	2,2
Dankow-Lebedjan-Schichten D_3dl	221	189	32	0,15	1,2
Tournai-Stufe C_1tur	103	87	16	0,17	1,2
Stalinogorsk-Horizont C_1stl	62	48	14	0,25	1,3
Oka-Stufe C_1ok	300	260	40	0,14	1,2
Sserpuchow-Stufe C_1srp	104	70	34	0,39	1,5
Namur-Stufe C_1nm	104	76	28	0,35	1,4
Wereja-Horizont C_2vr	75	60	15	0,22	1,2
Kaschira-Horizont C_2k	72	55	17	0,27	1,3
Podolischer und Mjatschkowo-Horizont C_2pd-mc	243	220	23	0,10	1,1

[1)] O nekotorych nowych priemach paleotektonitscheskogo analiza v platformennych uslowijach. — Nowosti neftjanoj techniki, geologija, Moskwa, 1958, 3, S. 34—42, 6 Abb., 7 Tab. Gekürzte deutsche Wiedergabe von HEINRICH KÖLBEL. Einige offensichtliche Fehler des Originals, u. a. in den Rechenbeispielen am Schluß, sind korrigiert worden.

Tabelle 2a

Stratigraphische Abschnitte \ Gebietsteile	Tschemoda-nowka	Tschaada-jewka	Komarowka	Baranowka	Saborowka	Ssysran	Gubino	Ssytowka	Beresowka	Jablonowka	Morkwaschi	Shigulewsk	Strelnsk	Solny	Radajewka	Baitugan	Mittel der extremen Mächtigkeiten
	a) Mächtigkeiten in m in den Gebietsteilen																
Ober-Givet-Unterstufe D_2giv_s	50	115**	70	37	33	21	23	15**	29	44	60	64	84	94	64	78	65
Untere Schtschigry-Schichten D_3sc_i	210**	145	65	24*	31	25	36	31	38	44	53	67	91	113	123	77	112
Obere Schtschigry-Schichten und Ssemiluki-Schichten D_3sc_s+sem	117	144	120	94	0*	0	0	50	122	119	141	157	231**	156	210	153	115
Woronesch-Schichten u. Jewlanowo-Liwny-Schichten $D_3vor+ev-lv$	114	105	122	103	76	77	75	71	75	51	50	40	41	36*	41	53	79
Sadonsk-Jelez-Schichten D_3zd-el	69	55	81	78	81	77	75	75	88	56	58	47	48	46*	50	114**	80
Dankow-Lebedjan-Schichten D_3dl	157	170	221	217	223	218	211	207	229	213	208	203	207	201	217	260**	208

* Maximalwerte

** Minimalwerte

Bemerkung: Im Hinblick auf den Wert 0 der Mächtigkeiten der Oberen Schtschigry- und der Ssemiluki-Ablagerungen in drei Gebietsteilen hätte man diese Horizonte eigentlich mit den Unteren Schtschigry-Schichten zusammen analysieren müssen. Jedoch würde dies die graphische Darstellung sehr einschränken, und der Fehler ist im vorliegenden Falle nicht groß

Tabelle 2b

Stratigraphische Abschnitte	Tschemoda-nowka	Tschaada-jewka	Komarowka	Baranowka	Saborowka	Ssysran	Gubino	Ssytowka	Beresowka	Jablonowka	Morkwaschi	Shigulewsk	Strelnsk	Solny	Radajewka	Baitugan	Mittel der extremen Mächtigkeiten
	b) Differenz des Mittels der extremen Mächtigkeiten und der Mächtigkeiten in den einzelnen Gebietsteilen																
Ober-Givet-Unterstufe D_2giv_s	+15	−50	− 5	+28	+ 32	+ 44	+ 42	+ 50	+36	+21	+ 5	+ 1	− 19	−29	+ 1	−13	65
Untere Schtschigry-Schichten D_3sc_i	−89	−33	+47	+88	+ 81	+ 87	+ 76	+ 81	+74	+68	+59	+45	+ 21	− 1	−11	+35	112
Obere Schtschigry-Schichten u. Ssemiluki-Schichten D_3sc_s+sem	− 2	−29	− 5	+21	+115	+115	+115	+65	− 7	− 4	−26	−42	−116	− 14	−95	−38	115
Woronesch-Schichten u. Jewlanowo-Liwny-Schichten $D_3vor+ev-lv$	−35	−26	−43	−24	+ 3	+ 2	+ 4	+ 8	+ 4	+28	+29	+39	+ 38	+43	+38	+26	79
Sadonsk-Jelez-Schichten D_3zi-el	+11	+25	− 1	+ 2	− 1	+ 3	+ 5	+ 5	− 8	+24	+22	+33	+ 32	+34	+30	−34	80
Dankow-Lebedjan-Schichten D_3dl	+51	+38	−13	− 9	− 15	− 10	− 3	+ 1	−21	− 5	0	+ 5	+ 1	+ 7	− 9	−52	208

Spalte 4) und dann graphisch dargestellt werden (Abb. 1A).

Auf der Abszisse werden dabei die Zeitabschnitte, möglichst nach der absoluten Skala, auf der Ordinate die extremen Mächtigkeitsdifferenzen abgetragen. Eine solche Darstellung empfiehlt sich zur Veranschaulichung des Bildungsprozesses lokaler Strukturen. Sie läßt die Zeitpunkte besonders intensiver tektonischer Bewegung erkennen.

Teilt man die Kurve an den Stellen geringer tektonischer Aktivität (s. Abb. 1A), so erhält man die Hauptetappen der Strukturbildung. Diese Hauptetappen sollte man auch auf den Isopachenkarten darstellen, da man so auf den Karten ein ziemlich deutliches Bild der paläotektonischen Entwicklung des Gebietsteiles erhält.

Allerdings werden in der beschriebenen graphischen Darstellung die Veränderungen der Differenziertheit des tektonischen Vorganges verwischt. Zum Beispiel ist bei einem Horizont von durchschnittlich 100 m eine Abweichung von $\pm$ 20 bis 30 m viel wesentlicher als bei einem Horizont von durchschnittlich 1000 m. Die gleiche Differenz entspricht bei einem geringmächtigen Horizont einem stärkeren Differenzierungsgrade des tektonischen Prozesses als bei einem mächtigeren Horizont. Der Grad der Differenzierung ist also proportional der extremen Mächtigkeitsdifferenz und umgekehrt proportional der mittleren Mächtigkeit der Schicht[2]).

$$K_2 = 2\,\frac{h_{max} - h_{min}}{h_{max} + h_{min}}, \tag{2}$$

wobei K_2 = Maß der Differenziertheit des tektonischen Vorganges an lokalen Strukturen oder die gewogene Differenz.

Auch die gewogenen Differenzen faßt man wieder tabellarisch zusammen (Tabelle 1, Spalte 5) und stellt sie graphisch dar (Abb. 1B).

Eine dritte Methode zur Darstellung des Differenzierungsgrades des tektonischen Vorganges besteht in der Berechnung des Verhältnisses zwischen maximaler und minimaler Mächtigkeit:

$$K_3 = \frac{h_{max}}{h_{min}}. \tag{3}$$

Auch dieser Wert wird tabellarisch und graphisch dargestellt (Tabelle 1, Spalte 6; Abb. 1C). Die Verhältnisse der extremen Mächtigkeiten ergeben eine ähnliche Kurve wie die gewogenen Differenzen. Wegen der einfacheren Rechnung ist die letztere Methode bequemer.

Profile der Entwicklung des regionalen Ablaufes der Tektonik

Man kann die regionalen tektonischen Vorgänge zeitlich und räumlich darstellen; die Ausgangsform der Darstellung stammt von E. N. PERMJAKOW 1944 bis 1952. Hier wird nur die Methode der räumlichen Darstellung betrachtet.

[2]) Als mittlere Mächtigkeit nimmt man bei ungleichmäßiger Verteilung der Bohrungen besser das arithmetische Mittel der extremen Mächtigkeitswerte und nicht das arithmetische Mittel der Mächtigkeiten in allen Bohrungen, da das erstere genauer ist.

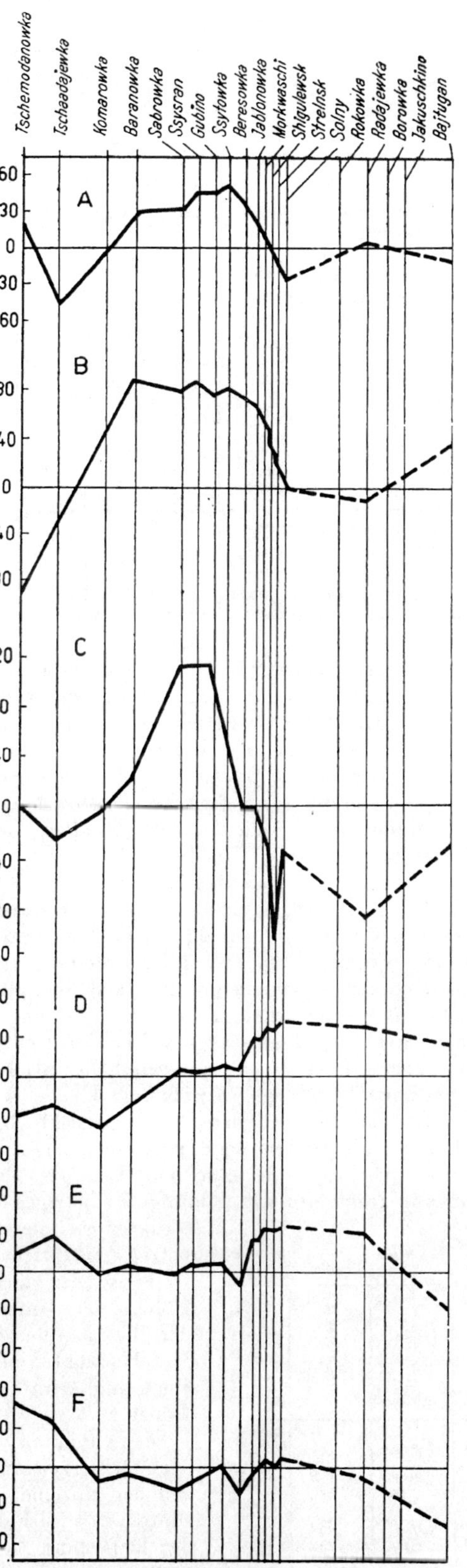

Abb. 2. Profil der Entwicklung des regionalen Ablaufes der Tektonik

A – Lage der Unterfläche der Givet-Stufe zu Beginn der Unter-Schtschigry-Zeit; B – Lage der Unterfläche der Unter-Schtschigry-Unterstufe zu Beginn der Ober-Schtschigry-Ssemiluki-Zeit; C – Lage der Unterfläche der Ober-Schtschigry-Ssemiluki-Schichten zu Beginn der Woronesch-Jewlanowo-Liwny-Zeit; D – Lage der Unterfläche der Woronesch-Jewlanowo-Liwny-Schichten zu Beginn der Sadonsk-Jelez-Zeit; E – Lage der Unterfläche der Sadonsk-Jelez-Schichten zu Beginn der Dankow-Lebedjan-Zeit; F – Lage der Unterfläche der Dankow-Lebedjan-Schichten zu Beginn der Tournai-Zeit.

Entsprechend der gewählten Profilrichtung wird eine Tabelle der Mächtigkeiten (am besten der Mittelwerte der extremen Mächtigkeiten) einer Reihe aufeinanderfolgender Horizonte für die einzelnen Gebietsteile aufgestellt (Tabelle 2a). Dann werden für jeden Horizont die maximale und minimale Mächtigkeit herausgegriffen und aus ihnen das arithmetische Mittel gebildet. Nun wird eine zweite Tabelle aufgestellt und in ihr die Differenz zwischen der mittleren Mächtigkeit des Horizontes und der Mächtigkeit desselben in jedem einzelnen Gebietsteil in Metern (mit + oder –) angegeben (Tabelle 2b). In der graphischen Darstellung werden die erhaltenen Zahlen von einer Reihe untereinander angeordneter horizontaler 0-Linien bei positiven Werten nach oben, bei negativen Werten nach unten abgetragen (Abb. 2). So kann man erkennen, wie sich die regionalen tektonischen Vorgänge in der Zeit ändern.

Diese graphische Darstellung vereinigt man zweckmäßigerweise mit der der extremen Mächtigkeitsdifferenzen der Horizonte, um die Beziehung zwischen den regionalen tektonischen Vorgängen und dem Vorgange der Bildung lokaler Strukturen zu zeigen. Zu diesem Zwecke trägt man auf die Darstellung der Entwicklung der Undationen in bestimmtem Maßstabe (für jede Zeit einzeln) den Wert der extremen Mächtigkeitsdifferenz in jedem Gebietsteil nach oben (+) auf und verbindet die so erhaltenen Punkte durch Kurven; diese zeigen die relative Kennziffer der differenzierten tektonischen Vorgänge in den verschiedenen Gebietsteilen für jeden geologischen Zeitabschnitt.

Profile und graphische Darstellungen der Bildung tektonischer Elemente

Will man zur Analyse tektonischer Vorgänge die fortlaufende Änderung der regionalen tektonischen Bewegungen zeigen, so sollte man die beschriebene Methode anwenden. Will man aber das jeweilige Gesamtergebnis der Bildungsvorgänge irgendwelcher Strukturelemente darstellen, so zeichnet man Bildungsprofile, die den summierten Effekt an irgendeinem Horizont abbilden.

Es wird eine Tabelle der Mächtigkeiten in Metern für eine fortlaufende Reihe von Horizonten aufgestellt, beginnend mit dem Horizont, dessen Unterfläche wir in ihrer Formentwicklung darstellen wollen (Tabelle 3a, waagerechte Spalten). Dann werden in den folgenden Spalten (b) fortlaufend die Zahlen summiert. Aus diesen Summen werden die Mittelwerte als Mittel der extremen Mächtigkeitswerte jedes „Summenhorizontes" errechnet (letzte senkrechte Spalte). Weiter werden tabellarisch die Abweichungen der Mächtigkeiten des „Summenhorizontes" (in Metern) in jedem Teilgebiet von der mittleren Mächtigkeit des „Summenhorizontes" angegeben (Tabelle 3, waagerechte Spalten c). Die graphische Darstellung (Abb. 3) ähnelt der vorigen.

Sind nur zwei tektonisch verschiedene Gebietsteile zu analysieren, so kann das beschriebene Profil der Bildung der tektonischen Elemente durch eine 1953 vorgeschlagene graphische Darstellung ersetzt werden. Dabei wird einer der beiden Gebietsteile als beweglich angenommen, und zwar der, der heute niedriger liegt. Um die Lage des zu betrachtenden Gebietsteiles in bezug auf den „unbeweglichen" zu erhalten, muß man von der Mächtigkeit im ersteren die Mächtigkeit im letzteren abziehen.

Als konkretes Beispiel (Abb. 4) werden die Bewegungen des Bezirkes Promyslowaja in bezug auf die Bohrung 1

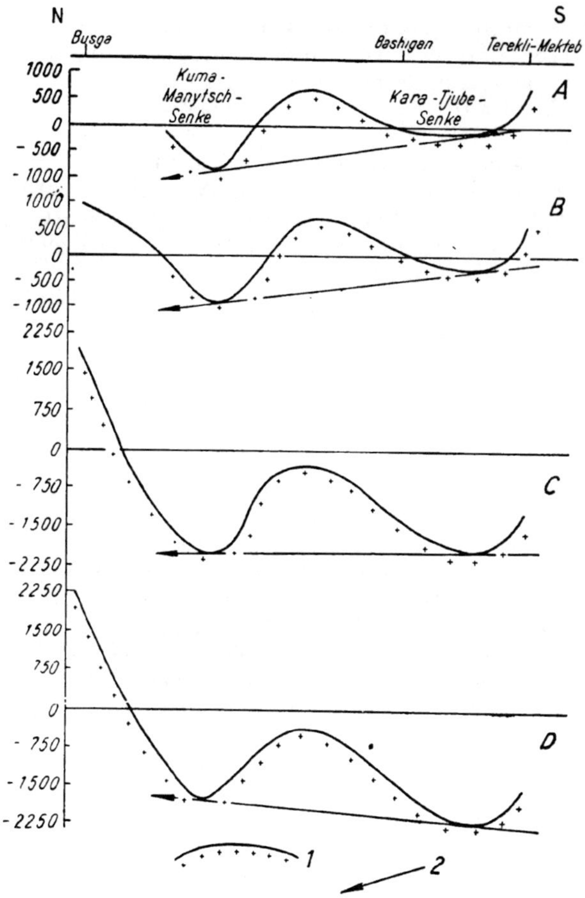

Abb. 3. Schematische paläotektonische Profile durch die Terek-Kuma-Depression auf der Linie Busga—Bashigan—Terekli—Mekteb

A – Zu Beginn des Turon-Senon; B – zu Beginn des Eozän; C – zu Beginn des Apscheron; C – in der Gegenwart. 1 – prämesozoisches gefaltetes Grundgebirge, 2 – relative Lage der Kuma-Manytsch- und der Kara-Tjube-Senke.

des Bezirkes Artesian, beide im sogenannten „rudimentären Gebirge" KARPINSKIs, betrachtet. Man subtrahiert von 250 m (Mächtigkeit des Toarcien und des Unteren Aalénien in Promyslowaja) 557 m (Mächtigkeit dieser Folge in Artesian) und erhält die Zahl − 307 m, die besagt, daß sich der Gebietsteil Promyslowaja in

Tabelle 3

Stratigraphische Abschnitte \ Bezirke		Busga	Kuma-Manytsch-Senke	Bakres	Baschigan	Kara-Tjube	Terekli-Mekteb	Mittel der extremen Mächtigkeiten
Jura-System, Unterkreide-Abteilung und Cenoman-Stufe	a	650	2400*	850*	1600*	1700*	900*	–
	b	–	2400	850	1600	1700	900	1625
$J + Cr_1 + Cr_2cm$	c	–	− 775	+ 775	+ 25	− 75	+ 725	–
Turon bis Senon und Paläozän	a	–	260*	150*	144	400*	390*	–
$Cr_2tur\text{-}sn + Pg_1$	b	650	2660	1000	1744	2100	1290	1655
	c	+ 1005	+ 1005	+ 665	− 89	− 445	+ 365	–
Eozän, Oligozän und Neogen	a	70	1910*	1950*	2272	2500*	2610*	–
$Pg_{2+3} + N$	b	720	4600	2950	4016	4600	3900	2660
	c	+ 1940	− 1940	− 290	− 1340	− 1940	− 1240	–
Gegenwart (heutige Lage der	b	830	4800*	3350*	4500*	5200*	4500*	3015
Untergrenze des Jura)	c	+ 2185	− 1785	− 335	− 1485	− 2185	− 1485	–

a = Mächtigkeit, b = summierte Mächtigkeit, c = Abweichung der Mächtigkeit
* Nach seismischen Ergebnissen (Extrapolation).

Tabelle 4

Stratigraphische Abschnitte \ Bezirke	Artesian	Promyslowaja	Mächtigkeits-differenzen	Summe der Mächtigkeits-differenzen
Toarcien-Stufe und Unter-Aalénien-Unterstufe $J_1toar + J_2aal_a$	250	557	− 307	− 307
Ober-Aalénien-Unterstufe J_2aal_b	182	291	− 109	− 416
Abteilungen Mittlerer und Oberer Jura und Neokom-Unterabteilung $J_2 + J_3 + Cr_1nc$	274	176	+ 98	− 318
Apt-Stufe Cr_1apt	268	106	+ 162	− 156
Alb- und Cenoman-Stufe $Cr_1alb + Cr_2cm$	178	220	− 42	− 198
Turon bis Senon, Paläogen und Miozän $Cr_2tur-sn + Pg + N_1$	1795	132	+ 1663	+ 1465
Aktschagyl- und Apscheron-Stufe (nur toniger Teil) $N_2ak+apsch$	258	154	+ 104	+ 1569
Gegenwart (heutige Lage der Untergrenze des Toarcien = Oberfläche des herzynischen Grundgebirges, bezogen auf NN, und Differenz dieser Werte rechts)	− 3586	− 1916		+ 1670

bezug auf den Gebietsteil der Bohrung Artesian 1 um 307 m gesenkt hat (entsprechend dem Minuszeichen). Diesen Vorgang führen wir auch für den nächsten Horizont durch: 182 − 291 = − 109 m, usw. Hierdurch erhält man aber nur die Bewegungen der einzelnen Zeitabschnitte. Um die Gesamtbewegung von Anfang an zu erhalten, muß man jeweils die vorher erhaltene Gesamtdifferenz noch addieren (Tabelle 4).

Zum Schluß wird noch über das 1954 vorgeschlagene Maß der Beständigkeit der tektonischen Tendenzen gesprochen, einen der wichtigsten unter den Faktoren, die die Perspektiven der Erdölführung eines Gebietsteiles charakterisieren. Bei langdauernder Beständigkeit tektonischer Tendenzen (Bildung einer lokalen Struktur, Flexur usw.) sind bei sonst günstigen Bedingungen die Perspektiven weit höher als bei unbeständiger tektonischer Entwicklung.

So ist im Beispiel der Abb. 4 ersichtlich, daß bald dieser Gebietsteil, bald jener in bezug auf den anderen gehoben wird; nur ein Teil der Gesamtbewegung trägt also zur Bildung der jetzigen Hochstruktur bei; dieser Teilbetrag entspricht der Differenz der absoluten Höhen der Unterfläche der betrachteten Serie von Horizonten in dem einen und dem anderen Bezirk.

Die absoluten Werte der Mächtigkeitsdifferenzen der einzelnen Horizonte werden sich infolge der Unbeständigkeit der tektonischen Tendenzen für die Gesamtfolge nicht voll summieren; sie können einander im Grenzfalle sogar aufheben, so daß die Gesamtfolge gleiche Mächtigkeit besitzt (Abb. 5).

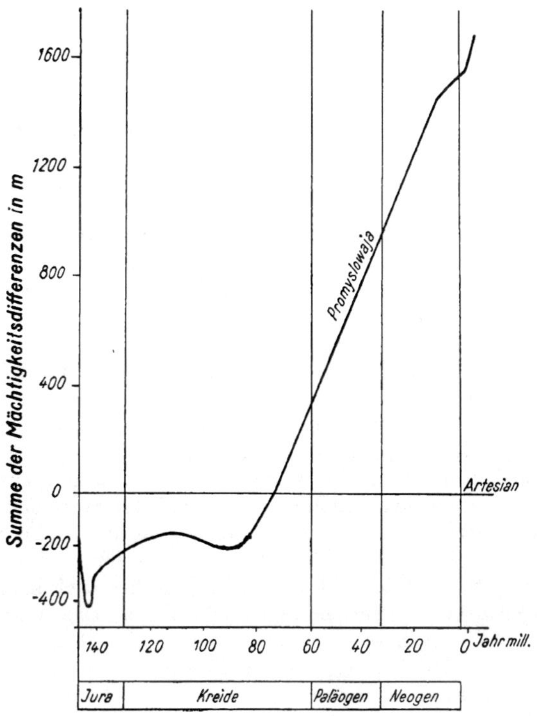

Abb. 4. Entwicklung der Oberfläche des herzynischen gefalteten Grundgebirges (Bezirk Artesian-Promyslowaja)

Mathematisch kann der Beständigkeitskoeffizient der tektonischen Tendenzen wie folgt ausgedrückt werden:

$$K_{best} = \frac{H_{max} - H_{min}}{\sum_{i=1}^{i=n} \left(h_{i\,max} - h_{i\,min}\right)} \qquad (4)$$

wobei H = Gesamtmächtigkeit der Schichtfolge,
n = Zahl der analysierten Horizonte,
h_i = Mächtigkeit des einzeln genommenen Horizontes.

So erhalten wir z. B. im Falle der Abb. 4 für den Zeitabschnitt vom Bajocien bis zum Ende des Neogen zunächst den Zähler des Bruches (+ 98 + 162 − 42 + 1663 + 104 = 1985), dann den Nenner (Summe der absoluten Werte der gleichen Zahlen = 2069) und dann den Quotienten in %, nämlich 96%.

Bei der Berechnung dieses Koeffizienten kann, wie schon in der Reihe der vorhergehenden graphischen Darstellungen, auch die Gegenwart untersucht werden (s. Abb. 4). In diesem Falle wird im Zähler nicht der absolute Wert der Mächtigkeitsdifferenz der Gesamtfolge in den zwei analysierten Gebietsteilen, sondern die Differenz der absoluten Höhen der Unterfläche der betreffenden Gesamtfolge genommen (1670 m in Abb. 4); im Nenner wird zur Summe der Mächtigkeitsdifferenzen der Horizonte (2485 m) der absolute Wert der Differenz der absoluten Höhen der Hangendfläche des oberen der im gegebenen Falle analysierten Horizonte (101 m) addiert[3]). So erhält man im Falle der Abb. 4

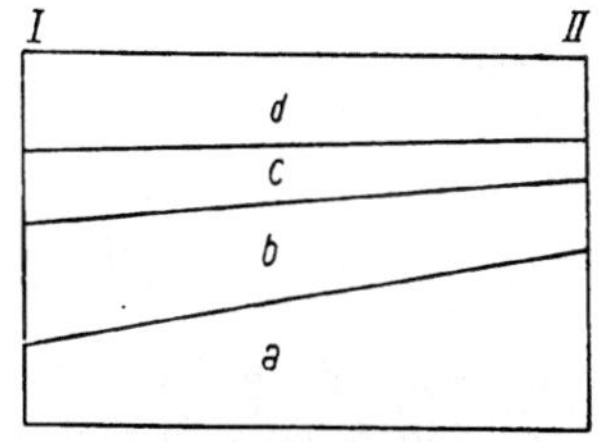

Abb. 5. Beispiel unbeständiger tektonischer Tendenzen

$$\frac{1670}{2485 + 101} \cdot 100\% = 64{,}5\%$$

Literatur

BURSCHTAR, M. S.: Der geologische Bau des östlichen Kaukasusvorlandes und der angrenzenden Bezirke im Zusammenhang mit den Perspektiven der Öl- und Gasführung. – „Sowetskaja geologija", No. 57, 1957.
PERMJAKOW, E. N.: Der tektonische Bau der Hebungszone von Buinsk-Karssun im Gebiet Uljanowsk. – Trudy M. F. WNIGRI, wyp. 3, 1953.

[3]) Diese Zahl erhält man, indem man von der Differenz der absoluten Höhen der Unterfläche des unteren Horizontes (1670 m) die Summe der Mächtigkeitsdifferenzen (1569 m) abzieht.

Zur Methodik der paläotektonischen Analyse[1])

T. W. SCHWARZ, A. J. GAWRILOW & L. J. SCHWARZ, referiert von F. WEGERT

Nachstehender Artikel gibt wertvolle Hinweise für die Erdölgeologen, die in Gebieten mit disjunktiven Störungen arbeiten. Das trifft gerade für uns in der Deutschen Demokratischen Republik zu, denn in Gebieten mit Salztektonik kommt man mit den üblichen Methoden der paläotektonischen Analyse, die ja bei Erdölerkundungsarbeiten eine unumgängliche Grundlage bilden, nicht mehr aus. Die besondere Bedeutung dieses Artikels für unsere Erdölgeologen besteht darin, daß ein konkretes Schema gegeben wird, wie derartige Profile zu zeichnen sind. Die Redaktion

Die Klärung der geotektonischen Entwicklung der zu untersuchenden Gebiete ist ein wichtiger Faktor für die Orientierung der Erdölerkundungsarbeiten. In diesem Zusammenhang wurde schon 1951 von M. F. MIRTSCHINK und A. A. BAKIROW darauf hingewiesen, daß in der Arbeit der Erdölgeologen die paläotektonische Analyse ebenso wie die paläogeographische Untersuchung an führender Stelle stehen muß.

Die paläotektonische Analyse besteht bekanntlich in der Anwendung von Paläostrukturkarten und Paläoprofilen, die nach folgendem Schema gezeichnet werden. Aus dem Schichtenpaket, das am geologischen Bau einer Antiklinale beteiligt ist, wählt man Leithorizonte aus, die sich über das gesamte zu untersuchende Gebiet (eine lokale Struktur) genügend klar verfolgen lassen. Jeder Leithorizont kann im Zusammenhang mit der geringen Ausdehnung lokaler Strukturen für die entsprechenden Zeitabschnitte als horizontale Nullfläche angesehen werden, von der aus die Paläostrukturkarten für den zu untersuchenden Horizont gezeichnet werden. Auf dieselbe Art und Weise werden die Paläoprofile gezeichnet, welche die Verteilung der Mächtigkeit zwischen den Leithorizonten und der zu untersuchenden Schicht in verschiedenen Richtungen zeigen. Hierbei wird der Leithorizont als horizontale Linie gezogen, von der aus die Mächtigkeiten abgetragen werden (BJELOUSSOW 1954, SERTSCHANINOW 1953).

Mit Hilfe solcher geologischer Darstellungen, die für größere Gebiete durch Isopachenkarten ergänzt werden, ist die Frage der geotektonischen Entwicklung der zu untersuchenden Gebiete oder einzelner Stukturen, die direkte Objekte für Erkundungsarbeiten darstellen, mit befriedigender Annäherung zu lösen. Auf diese Weise

[1]) Aus „Geologia nefti" Nr. 8/1958.

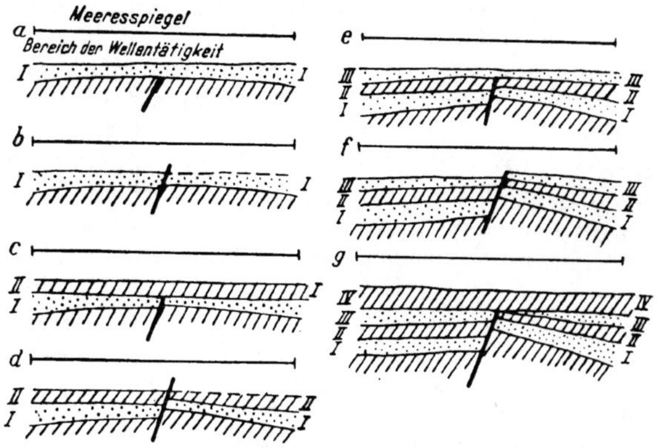

Abb. 1. Schema einer sich fortgesetzt entwickelnden Verwerfung

stellt man die Migration des Tops fest und fixiert die Lage früherer Tops. Dies führt dazu, daß die Erkundungsarbeiten auf solche Gebiete konzentriert werden, in denen die Struktur schon während der Entstehung der Öllagerstätte vorhanden war.

Mit dieser Methode kann die Entwicklung verhältnismäßig einfacher Stukturen ohne disjunktive Störungen erfolgreich geklärt werden. Bei der Anwendung der genannten Methode im Pribalchan-Gebiet zur Klärung der Entwicklung der dortigen kompliziert aufgebauten Antiklinalen (Tscheleken, Nebitdag, Kumdag u. a.), die durch eine große Anzahl von Verwerfungen gekennzeichnet sind, stieß man jedoch mit dieser Methode auf Schwierigkeiten, die besonders durch solche Verwerfungen hervorgerufen wurden, deren Entwicklung sich auf einen langen geologischen Zeitraum erstreckte. Um ein richtiges Entwicklungsbild zu erhalten, ist es deshalb erforderlich, dem Einfluß späterer Bewegungen entlang dieser Störungen Rechnung zu tragen.

Deshalb sind für die Klärung der Entwicklungsgeschichte komplizierter Antiklinalen vom „Tscheleken-typ" (nach der Terminologie W. E. CHAINs 1954) mit Hilfe paläotektonischer Analysen einige Ergänzungen notwendig. Dieser Frage ist vorliegender Artikel gewidmet.

Als Ergebnis einer Bearbeitung reichen geologischen und geophysikalischen Materials aus dem Pribalchangebiet Südwest-Turkmeniens wurde von den Autoren festgestellt, daß an den Strukturen dieses Gebietes viele sich fortgesetzt entwickelnde Verwerfungen, die durch die Entwicklung der Pribalchan-Depression bedingt sind, und Verwerfungen bestimmten Alters örtlicher Bedeutung, bedingt durch die Bildung einzelner Antiklinalen, zu beobachten sind. Bei der paläotektonischen Analyse sind sowohl die einen als auch die anderen zu berücksichtigen[2]).

Betrachten wir schematisch die Bildung einer sich fortgesetzt entwickelnden Verwerfung, wie wir es uns vorstellen (Abb. 1).

Anfangs ist eine Verbiegung des Schichtenpaketes I zu vermerken, die durch das Erreichen der Grenzen der plastischen Deformation zum Zerreißen führt (Abb. 1a und b). Da letzterer Prozeß während der Sedimentation vor sich geht, wird die Mächtigkeit der Sedimente in den abgesunkenen Teilen größer. Gleichzeitig geht auf der gehobenen Flanke eine teilweise (oder vollständige) Abtragung vor sich, oder es tritt, durch die Einebnung des Beckenbodens bedingt[3]), eine Sedimentationspause ein. Danach beginnt die Sedimentation des Schichtenpaketes II (Abb. 1c). In dem Moment, in dem die Grenzen der plastischen Deformation wieder erreicht sind, setzt sich die Entwicklung der Verwerfung fort. Der Prozeß beginnt von vorne (Abb. 1d). Auf diese Weise formiert sich die Struktur, wie es auf Abb. 1 dargestellt ist.

Durch diesen Charakter der Bildung sich fortgesetzt entwickelnder Störungen wird die Mächtigkeit der Sedimente auf dem abgesunkenen Teil immer größer, während die Sedimente auf dem gehobenen Teil abgetragen bzw. gar nicht erst abgelagert werden. Diese ununterbrochen-unterbrochene Entwicklungstendenz solcher Störungen führt dazu, daß sich die Amplitude der Verwerfungen nach der Tiefe zu vergrößert.

Von anderer Art sind die im Pribalchan-Gebiet anzutreffenden örtlichen Verwerfungen, die meistens zur Peripherie der Struktur hin ausklingen. Diese Störungen sind bestimmten Alters und hängen eng mit der Bildung lokaler Strukturen zusammen. Sie verdanken ihre Bildung Zerrungen, die in der Tiefe abklingen. Aus diesem Grunde klingen auch die Verwerfungen schnell aus. Das Alter dieser Störungen kann durch das Alter der jüngsten, noch von der Verwerfung ergriffenen Schichten bestimmt werden.

Alle oben angeführten Momente müssen bei der paläotektonischen Analyse berücksichtigt werden. Im Falle einer sich fortgesetzt entwickelnden Verwerfung müssen Korrekturen für die Bewegung, entlang der Verwerfung, vorgenommen werden.

[3]) Eine feste Sedimentation ist nur unterhalb des Bereiches der Wellentätigkeit möglich (Lit. 1). (Anm. der Autoren.)

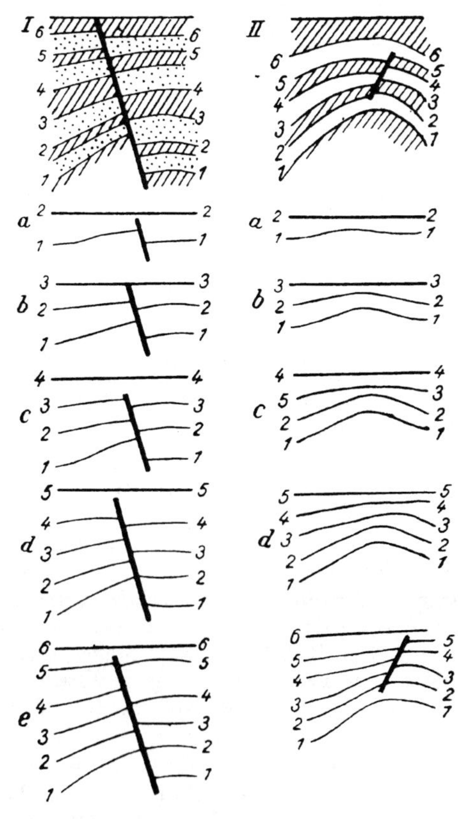

Abb. 2. Beispiele zur Darstellung von Paläoprofilen für sich fortgesetzt entwickelnde Verwerfungen (I) und für Verwerfungen bestimmten Alters (II)

[2]) Soweit uns bekannt ist, wurde die Frage der Entwicklung derartiger Strukturen mit Hilfe der paläotektonischen Analyse bis jetzt noch nie gelöst. (Anm. der Autoren.)

Genau wie bei einer gewöhnlichen Struktur betrachtet man die Entwicklungsetappen der Struktur zu den Zeitpunkten, da die Sedimentation des Leithorizontes vor sich ging, d. h. letzterer bildete eine horizontale Fläche. Dadurch wird der Einfluß späterer tektonischer Bewegungen ausgeschaltet. Wie aber schon oben dargelegt wurde, besteht die jetzige Amplitude einer sich fortgesetzt entwickelnden Verwerfung aus der Summe verschiedener Bewegungen. Darum muß man im zu untersuchenden Horizont jedesmal von der Amplitude der Verwerfung die Amplitude im Leithorizont, der als Null-Linie angenommen wurde, abziehen (Abb. 2 I).

Auf diese Weise bekommt man von unten nach oben gehend schließlich das gegenwärtige Bild, welches als Kriterium für die Richtigkeit der Zeichnungen gelten kann (Abb. 2 I a – e).

Im Falle von Verwerfungen bestimmten Alters muß man bei den Darstellungen mit den vollen Mächtigkeiten operieren (Abb. 2 II).

Nach dem obengenannten Schema sind durch die Strukturen des Pribalchan-Gebietes, die durch eine Vielzahl von Verwerfungen gestört sind, Paläoprofile gezeichnet und deren Entwicklungsgeschichte geklärt worden.

(Turkmenische Filiale des WNII)

Literatur

BJELOUSSOW, W. W.: Grundfragen der Geotektonik. Gosgeolisdat, 1954.
CHAIN, W. E.: Geotektonische Grundlagen der Suche nach Erdöl. Asnefteisdat, 1954.
SERTSCHANINOW, I. K.: Über Veränderungen von Plattformenstrukturen während des Prozesses ihrer Bildung und über die Einflüsse dieses Prozesses auf die an sie gebundenen Lagerstätten. Neftjanoje Chosaistwo Nr. 12, 1953.

Die stratigraphische Einteilung der Kreideablagerungen der nordsudetischen Mulde [1]

JERZY MILEWICZ, Warschau

Die Kreideablagerungen der nordsudetischen Mulde sind unter dem Namen „Löwenberger Kreide" bekannt. Die stratigraphische Gliederung der seit dem 18. Jahrhundert erforschten Kreide wird immer besser und genauer. Die Bearbeiter der Löwenberger Kreide haben ihre Untersuchungen an die bei der sächsischen Kreide gewonnenen Ergebnisse geknüpft. Es fehlte dagegen bisher eine spezielle Parallelisierung mit der Kreide auf dem Territorium der ČSR, die mit der Löwenberger Kreide ein Sedimentationsgebiet bildet.

Als Ergebnis der geologischen Spezial- und Übersichtsuntersuchungen, die von 1950 bis 1956 in der nordsudetischen Mulde im Bereich der Ausstriche oberkretazeischer Ablagerungen durchgeführt wurden, schlägt Verf. eine neue stratigraphische Gliederung der Löwenberger Kreide vor. Diese Gliederung stützt sich auf ein sehr genaues Studium der natürlichen und künstlichen Aufschlüsse. Außerdem stützt sie sich auf Untersuchungen der Kontaktflächen zwischen den einzelnen Kreidehorizonten und auf eine lithologische Bearbeitung dieser Formation. Ebenso ist diese Gliederung faunistisch belegt und mit der neuesten Gliederung der Kreide auf dem Gebiet der ČSR vergleichbar.

Das älteste paläontologisch dokumentierte kretazeische Sediment in der nordsudetischen Mulde ist der Quadersandstein des marinen Cenomans. Dieser Sandstein ist quarzig, grobkörnig, häufig konglomeratisch oder aber als ein feinkörniges Konglomerat ausgebildet. Das Sediment ist hellgrau oder gelblich. In dem Sandstein wurden u. a. gefunden: *Inoceramus bohemicus* LEONH., *Pecten asper* LAM., *Vola quadricostata* SOW., *Lima meyeri* WOODS, *Holaster suborbicularis* AG. Dagegen wurde in Sachsen in analogen Sedimenten *Acanthoceras rhotomagense* BROGN. gefunden. Demnach gehört der Sandstein der Löwenberger Kreide dem oberen Cenoman an. Eine genauere Altersbestimmung oder eine eventuelle Horizontierung des Cenoman-Sandsteins ist infolge des Fehlens der zur speziellen Gliederung des Cenomans unerläßlichen Leitfossilien gegenwärtig unmöglich.

Die Mächtigkeit des Cenoman-Sandsteins ist veränderlich und beträgt 20 bis 60 m. Sie ist sowohl mit der ungleichmäßigen Sedimentation als auch mit der Zerstörung eines Teiles der Sedimente durch Erosion verknüpft, die während der Hebungsbewegungen des Meeresbodens stattgefunden haben muß. Dabei wird es zu lokalen Auftauchungen (z. B. in der Umgebung von Löwenberg) gekommen sein. Das Cenoman ist auf dem ganzen Gebiet der nordsudetischen Senke als Sandstein entwickelt.

Auf den Cenoman-Sandsteinen liegen die Bildungen des Turon, die mit den Sedimenten des Horizonts *Actinocamax plenus* beginnen. Die Sedimente dieses Horizontes wechseln lithologisch. Auf den flachen und aufgetauchten Gebieten, also im östlichen Teil des Sedimentationsgebietes, beginnt der Horizont *Actinocamax plenus* mit einer tonigen Sideritschicht auf dem Cenoman-Sandstein. Der Siderit ist von gelbem und grauem Ton bedeckt. Nach oben zu geht der Ton in dunkelgrauen Mergel und in der Folge in grauen, sehr feinkörnigen mergeligen Sandstein über. Im Mergel und mergeligen Sandstein wurden u. a. *Actinocamax plenus* BLAINV., *Inoceramus labiatus* SCHLOTH., *Spondylus striatus* SOW., *Tremabolites megastoma* A. ROEM. gefunden. Die Sedimentmächtigkeit des Horizontes *Actinocamax plenus* ist veränderlich und beträgt 20 bis 50 m.

Die oberhalb des Horizontes *Actinocamax plenus* liegende Sedimentserie ist im Osten aus quarzhaltigen Sandsteinen mit tonigem Bindemittel zusammengesetzt, die im W in Sandsteine mit kalkigem Bindemittel übergeht. Der Übergang vollzieht sich durch Einlagerung kalkiger Sandsteine in der mittleren Partie der quarzhaltigen Sandsteine. In westlicher Richtung werden in immer stärkerem Maße die quarzhaltigen Sandsteine verdrängt und gehen dann im mittleren Teil der nordsudetischen Mulde gänzlich in feinkörnigen kalkigen Sandstein über. Die ausklingenden und auskeilenden Sandsteinschichten bilden den Liegend- und Hangendteil der besprochenen Serie.

Im unteren quarzhaltigen Sandstein wurde u. a. gefunden: *Inoceramus labiatus* SCHLOTH., *Lima canalifera*

[1] Aus „Przeglad Geologiczny" Nr. 8/9, 1958, S. 386 – 388.

Stratigraphische Gliederung der Kreide der nordsudetischen Mulde

W. HÄNTSCHEL 1933 Sächsische Kreide	H. SCUPIN 1913 und 1934 Nordsudetische Kreide	H. ANDERT 1934 Nordsudetische Kreide	J. SOUKUP 1956 Tschechische (böhmische) Kreide	K. MILEWICZ 1957 Nordsudetische Kreide
	Unteres SENON: Oberer Sandstein (Überquader)	Unteres SENON: Oberer Sandstein (Überquader)	SENON: –	SENON, Santon: Sandstein-Tonserie mit Kohlen
				SENON, Santon: Sandstein-Schichten
				SENON, Santon: tonige Schicht mit Kohlen
	EMSCHER: Ober-Quader (Oberquader) (Schichten der unteren Warthe)	EMSCHER: Ober-Quader (Oberquader)	SENON, Coniacien: Mergel über Chlomecki-Sandstein Xf	SENON: Quadersandstein
			SENON, Coniacien: Chlomecki-Schichten	
		TURON, oberes: Tonmergel	SENON, Coniacien: Brzezeńskie-Schichten (jüngerer Teil) im Liegenden Toneisensteinkonkretionen Xe	SENON: kalkig-toniger Sandstein in tonigen Kieselmergel übergehend
			SENON, Coniacien: Brzezeńskie-Schichten (älterer Teil) im Liegenden Inoceramenpläner Xd	TURON, ob.
	TURON: Sandstein von Chmielno Mergel von Rakowice W.	TURON, oberes: Sandstein von Chmielno	TURON, oberes: Teplitzer Schichten Xabc	TURON, mittleres: Quadersandstein, der sich nach W hin mit Mergelsandstein verzahnt
			TURON, unteres: V–IX Iserische Schichten	
	TURON: Oberer Löwenberger Mergelsandstein a) Mergelsandstein von Jerzmanice	TURON, mittleres: Oberer Löwenberger Mergelsandstein und Mergelsandstein von Jerzmanice	TURON, unteres: Belohorskie-Schichten IV	TURON, mittleres: verschiedenkörniger Mergelsandstein
	TURON: Unterer Löwenberger Mergelsandstein a) Sandstein aus Jerzmanice	TURON, unteres: Unterer Löwenberger Mergelsandstein und Sandstein von Jerzmanice	TURON, unteres: IIIb Malnickie-Schichten	TURON, unteres: Quadersandstein, sich nach W hin mit Mergelsandstein verzahnend
Unteres TURON: *Actinocamax-plenus*-Zone	CENOMAN: *Actinocamax-plenus*-Zone	CENOMAN: *Actinocamax-plenus*-Zone	TURON, unteres: *Actinocamax-plenus*-Zone IIIa	TURON, unteres: Eisensteine, Tone, Mergel und feinkörnige Mergelsandsteine
CENOMAN: Karinatenquader	CENOMAN: Quadersandstein	CENOMAN: Unterquader	CENOMAN: Korycańskie-Schichten IIb	CENOMAN: Quadersandstein

GOLDF., *Exogyra columba* LAM., *Stellaster schulzei* COTTA. Im kalkigen Sandstein treten auf: *Inoceramus lamarcki* SOW., *Inoceramus latus* SOW., *Spondylus* spinosus SOW., *Exogyra lateralis* NILS., *Terebratula phaseolina* LAM., *Serpula trochinus* GOLDF. Im oberen quarzhaltigen Sandstein wurde ausschließlich *Lima canalifera* GOLDF. gefunden.

Dagegen fehlen in diesen Sedimenten die Leitfossilien des oberen Turons. Aus dem oben Gesagten geht hervor, daß die eben besprochene Gesteinsserie nur die Horizonte Inoceramus labiatus und Inoceramus lamarcki, also das untere und mittlere Turon, umfaßt.

Im oberen quarzhaltigen Sandstein wurden bisher die Leitformen eines bestimmten Turon-Horizontes nicht gefunden. Da er jedoch den Abschluß des Sedimentationszyklus der kalkhaltigen Schichten des *Inoceramus lamarcki* Horizontes bildet, aber teilweise erodiert ist und von oben, noch bevor sich jüngere, einen neuen Sedimentationszyklus bildende Ablagerungen abgesetzt haben, eisenhaltig wurde, wird vorgeschlagen, diesen in den Horizont *Inoceramus lamarcki*, also ins mittlere Turon, zu stellen. Die Mächtigkeit des unteren Sandsteins beträgt 0 bis 80 m und die Mächtigkeit des kalkhaltigen Sandsteins bis 120 m und des oberen Sandsteins 0 bis 80 m.

Der quarzhaltige Sandstein des mittleren Turons ist in den Randteilen der nordsudetischen Mulde von feinkörnigen Sedimenten bedeckt. Im Ostteil der Mulde sind es feinkörnige tonige Sandsteine, die nach Westen zu in kalkige Sandsteine und in der Folge in sandige und tonig-kieselige Mergel übergehen. Im Liegenden dieser Sedimente kommt eisenhaltiger Ton vor, der auf ungleichmäßig erodiertem, eisenhaltigem Sandstein des mittleren Turons liegt.

In dem erwähnten sandig-mergeligen Sediment wurden u. a. folgende Formen gefunden: *Placenticeras orbignyanum* GEIN., *Scaphites geinitzi* D'ORB., *Scaphites auritus* SCHLÜT., *Scaphites kieslingswaldensis* LANG. und GRUND., *Baculites bohemicus* FR., *Cardium nöggerathi* J. MÜLL., *Inoceramus latus* SOW., *Inoceramus lusatiae* ANDERT, *Inoceramus crassus* PETRASCH. Außerdem hat Z. RADWAŃSKA im Mergel der mittelsudetischen Mulde, der die analog stratigraphische Stellung einnimmt, *Inoceramus subcardissoides* SCHLÜT. (6) gefunden. Auf Grund dieser Fossilienfunde ergibt sich, daß es sich um Sedimente des Senons handelt, die dem unteren Coniacien angehören. Es ist sehr wahrscheinlich, daß der untere Teil der Sedimente in das obere Turon zu stellen ist, jedoch ist infolge Mangels an Aufschlüssen eine Grenzziehung zwischen dem oberen Turon und dem Coniacien nicht möglich.

Der mergelige Sandsteinhorizont weist eine bedeutende, bis 160 m reichende Mächtigkeit auf.

Der obere Horizont des Coniacien in der nordsudetischen Mulde wird von hellgrauen feinkörnigen Quarz-Sandsteinen gebildet. Sie sind in dem gesamten Muldengebiet gleichmäßig entwickelt. Ihre Mächtigkeit wechselt infolge Zerstörung eines gewissen Teiles der Sedimente bei der Heraushebung und dem Auftauchen des Geländes ziemlich stark und schwankt zwischen 24 bis 90 m.

In diesem Sandstein wurde gefunden: *Placenticeras orbignyanum* GEIN., *Peroniceras westphalicum* STROMB., *Inoceramus frechi* FLIEGEL, *Inoceramus kleini* G. MÜLL., *In. percostatus* G. MÜLL., *Inoceramus crassus* PETRASCHL., *Inoceramus lobatus* MÜNST. Diese Fossilien bestätigen die Altersstellung des Sandsteines im Coniacien.

Das folgende Stockwerk Senon—Santon ist lithologisch und genetisch differenziert. Eine tonige Schicht mit Kohle von einigen m Mächtigkeit bildet das Liegende des Santons. Sie wurde im östlichen und mittleren Teil der nordsudetischen Mulde festgestellt.

Über dieser Schicht liegen marine Sandsteinschichten. Es sind graugelbe und bräunlichgelbe, vorwiegend fein- und mittelkörnige Quarzsandsteine, häufig mit Feldspäten. Sie enthalten eine Muschel- und Schneckenfauna, innerhalb der *Hamites roemeri* GEIN., *Cardium ottonis* GEIN., *Cardium pectiniforme* J. MÜLL., *Cyrena cretacea* DRESCH., *Keilostoma winkleri* J. MÜLL., *Mytilus rackwitzensis* SCUP. auftreten. Die erwähnten Sandsteine kommen auf dem ganzen Gebiet der nordsudetischen Mulde vor. Ihre Mächtigkeit erreicht 30 m. Die jüngste Stufe des Senons schließt im Gebiet der nordsudetischen Mulde mit der Kreidesedimentation ab; es ist eine Sandstein-Tonserie mit Kohlen. Sie ist aus fein-, mittel- und grobkörnigen Sandsteinen, grauen, gelblichen, vorwiegend sandigen Tonen, hellgrauen, braunen, gelben, schokoladenfarbenen und schwarzen Tonen sowie geringmächtigen Kohleschichten zusammengesetzt. Die Serie ist kontinental-brackisch und innerhalb des ganzen Gebiets der nordsudetischen Mulde entwickelt. In den marinen Einlagen findet man Exemplare von *Cyrena cretacea* DRESCH. Die starke etwa 300 m betragende Mächtigkeit der Serie spricht für die Ansicht, daß sie nicht nur das Santon, sondern auch höhere Glieder des Senons umfaßt.

Der paläographische Abriß

Auf das stark eingeebnete Gebiet der Westsudeten griff im höheren Cenoman das Kreidemeer über. Die Überflutung war flach und von wechselnder Ausdehnung. Durch Bewegungen des Meeresbodens tauchte das Gebiet teilweise auf. Im unteren Turon folgte eine ziemlich schnelle Verflachung des Meeres. Eine Sedimentveränderung weist auf eine Verflachung des mittleren Turons hin. Diese Veränderung macht sich in einem Wechsel von sehr feinkörnigem, mergeligem zum grobkörnigen quarzhaltigen Sandstein bemerkbar, der teilweise erodiert ist. Die Sedimente des oberen Turon sind nur teilweise vertreten, so z. B. in den östlichen und den Randpartien des Oberkreide-Beckens. Im östlichen Teil der Südflanke der nordsudetischen Mulde wurden erodierte Sandsteine des mittleren Turons festgestellt, deren teilweise Zerstörung im unteren Teil des oberen Turons stattgefunden hat.

Das obere Turon und das Coniacien beginnen mit Sedimenten eines Flachmeeres, das sich nach vorübergehender Depression immer weiter bis zur Auftauchung im Coniacien verflachte. Durch Senkungsvorgänge wurde das Gelände wiederum zum Meeresgrund, der im mittleren Santon von einer flachen Transgression überspült wurde, die sich nach zeitweiligem Zurückweichen im Gebiet der nordsudetischen Mulde noch einige Male wiederholt hat. Auf diese Weise hat sich die kontinental-brackische Sandstein-Tonserie mit Kohlezwischenlagen entwickelt, die zugleich den Abschluß der Kreide-Sedimentation im Gebiet der nordsudetischen Mulde bildet.

Literatur

ANDERT, H.: Die Fazies in der sudetischen Kreide unter besonderer Berücksichtigung des Elbsandsteingebirges. — „Zeitschr. deutsch. geol. Ges.“, Bd. 86. Berlin 1934.

HÄNTSCHEL, W.: Das Cenoman und die Plenus-Zone der sudetischen Kreide. — „Abh. preuß. geol. L—A. N. F.“. Nr. 150. Berlin 1933.

HEINZ, R.: Zur Gliederung der sächsisch-schlesisch-böhmischen Kreide unter Zugrundelegung der norddeutschen Stratigraphie. — Beiträge zur Kenntnis der oberkretazischen Inoceramen X. Hannover 1932.

MILEWICZ, J.: Objaśnienie do mapy geologicznej 1:25000 arkusz Lwówek (oddane do druku).

MILEWICZ, J.: Zaburzenie warstw kredowych w Rakowicach Malych. — „Przeg. Geol.“ 1956, nr 8.

RADWAŃSKI, St.: Zagadnienie kredy na obszarze ziemi klodzkiej Przew. — do XXX Zjazdu PTG. Wroclaw 1957.

SCUPIN, H.: Die Löwenberger Kreide und ihre Fauna. — „Palaeontographica“ Suppl. VI. Stuttgart 1913.

—: Neue Gliederungsversuche in der Nordsudetischen Kreide. — „Zeitschr. deutsch. geol. Ges.“. Bd. 86, Berlin 1934.

SOUKUP, J.: Stratigrafické rozdĕleni křidy Českèho masivu. — „Vestnik Ustř. Ust. Geol.“ R. XXXI. Praha 1956

Fossile Frostbodenformen im miozänen Glassand von Hohenbocka

ALEXANDER HULTZSCH, Berlin

1. Allgemeine geologische Situation

Im Raum Hohenbocka wird Glassand abgebaut, dessen stratigraphische Position als Liegendes der miozänen Braunkohle im 2. Lausitzer Flözhorizont gesichert ist.

Eines der im Abbau befindlichen Vorkommen ist die Grube Fabian. Sie liegt im südlichen Randbereich des warthestadialen Breslau—Magdeburger Urstromtales und unmittelbar westlich der Hosenaer Hochflächeninsel, die zum Verband eines vom Lausitzer Bergland nordostgerichteten, in das Urstromtal eingreifenden Hochflächensporns gehört.

Die jüngsten zum Pleistozän gehörenden Bildungen des Urstromtales sind Kiessande, in denen mit der Nähe der Hochfläche der Anteil an südlichen Geröllen steigt. Sie liegen erosionsdiskordant glazigen gestauchtem Miozän auf, dessen Hangendes in Muldenlage geringmächtige Reste der Braunkohle, in Sattellage die im

Normalprofil daruntcrfolgenden 3 bis 4 m mächtigen Glassande darstellt.

Wie schon KEILHACK 1923 beschreibt, ragen nach Abraumbeseitigung und Ausblasung durch Wind vielfach Reste ehemaliger Wurzeln des Braunkohlenwaldes aus dem Glassand empor. Sie sind durch abgerundete Querschnitte gekennzeichnet; ihre Füllung sind miozäne, stark braunkohlenhaltige Schluffe und schluffige Braunkohle, die entsprechend dunkel- und schwarzbraun gefärbt sind.

Anläßlich neuer Befahrungen des Aufschlusses wurden hier bei unmittelbarer Auflage von pleistozänen Schichten neben den beschriebenen Wurzelresten miozänen Alters Spalten und Spaltennetze mit Füllungen beobachtet, die auf pleistozänes Alter hinweisen. Im Vergleich mit anderen ähnlichen Vorkommen liegt ihre Deutung als Eiskeilspalten nahe. Besonders im Zusammenhang mit den Beobachtungen von KEILHACK in der Braunkohle der ehemaligen Tagebaue Erika und Heye III ist jedoch ihre nähere Untersuchung notwendig.

2. Aufschlußbeobachtungen

Die Abb. 1 bis 3 sind Aufnahmen im etwa ostweststreichenden Abbaustoß. Sein Schnittwinkel zur Längsachse der hier gezeigten Spalten beträgt 60 bis 90 Grad. Die Spalten sind horizontbeständig, setzen regelmäßig an der durch die Erosion im Urstromtal eingeebneten Oberfläche des glazigen gestauchten Glassandes an und stehen ausschließlich im Glassand, einem schlufffreien, vereinzelt mittelsandigen Feinsand mit deutlicher Schichtung. Die Tiefe der Spalten schwankt stark und beträgt maximal 1,80 m; als ihre maximale Länge wurden etwa 2 m gemessen. Die komplizierte Keilform ist hier der häufigste Typ. Charakteristisch erscheint die Scharung der Spalten, die nach einem unverhältnismäßig weit verbreiterten Spaltenoberteil einsetzt. Die Spalten verlaufen unregelmäßig durch den Glassand. Ihre innere Füllung sind kiesführende Spatsande aus dem Hangenden (etwa: Feinsand, hellbraungrau, stark mittelsandig, schwach fein- und mittelkiesig) oder untergeordnet stark braunkohlehaltiger Schluff. Als Besonderheit dieser Spalten wurde festgestellt, daß ihre Spitzen- und Randfüllungen aus entschichtetem, reinem Glassand bestehen. Deutlich zeigt dies die Abb. 3 in der Höhe der zweiten Marke auf dem als Maßstab angelegten Hackenstiel. Die Spalte verläuft hier durch mehrere millimeterdünne Schichten aus fein verteilter Braunkohle, die in gewissem Abstand von der gut sichtbaren Spaltenfüllung aus Kiessanden plötzlich absetzen. Dadurch wird die tatsächliche Breite der Spalte deutlich. Sie dünnt nach der Spitze zu unvermittelt aus und verläuft in stark wechselnder Richtung. Der Verlauf der Glassandschichten an den Spaltenrändern ist nach der Spaltenspitze zu abgebogen. Ähnliches wird in der Abb. 4 besonders durch Einlagerung eines pleistozänen Grobkieses in einer durch die Pleistozänfüllung sehr dünn erscheinenden Spalte deutlich. Die Schleppung der Glassandschichten an den Spaltenrändern wiederholt sich gut sichtbar in markanten Schichteneinlagerungen.

Besonders betont tritt die Schleppung von Schichten bei Durchlauf einer Spalte dort auf, wo es sich um breite, farblich von den Glassanden stark abweichende Einlagerungen handelt. Die Abb. 5 zeigt eine im Glassand konkordant eingelagerte schluffige Feinsandschicht von 12 cm Breite, die durch ihren starken Gehalt an feinverteilter Braunkohle dunkelbraun gefärbt ist und bei Spaltendurchlauf treppenförmig nach der Spalte hin (Raumerweiterung) verbricht. Beobachtungen an verschiedenen ähnlichen Schichten zeigen neben symmetrischer auch asymmetrische Rißbildung.

In gleicher Höhenlage kommen auch Spalten vor, deren Füllung aus Geschiebemergel, einem grauen, stark sandigen und wechselnd kiesigen Schluff besteht. Auf Grund ihres Schluffgehaltes setzen diese Spaltenfüllungen der Deflation Widerstand entgegen und bleiben als Rippen auf der abgeräumten Glassandoberfläche und im Anschnitt längere Zeit erhalten (Abb. 7). Die Spalten verlaufen in einfacher Keilform geradlinig durch den Glassand, ohne seine Schichtung an den Rändern durch Auf- oder Abbiegung zu stören. Der Oberteil der Spalte ist gegenüber ihrem Mittelteil nur geringfügig breiter, die Füllung der Spaltenspitze ist ebenfalls Geschiebemergel.

Eine dritte Gruppe beschreibt die Abb. 8. Es handelt sich hier um Spalten und Spaltennetze, die in ihrer

Abb. 1—3. Frostspalten am Nordstoß der Grube Fabian (Schnittwinkel von 60—90° zur Längsachse der Spalten)

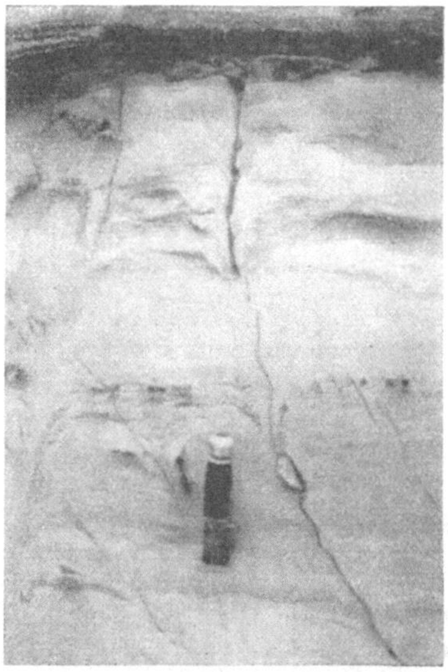

Abb. 4. Frostspalte mit pleistozänem Grobkies, Spaltenränder: umgelagerter Glassand

Abb. 5. Treppenförmiger, symmetrischer Verbruch einer Schluffschicht im Glassand bei Durchlauf einer Frostspalte

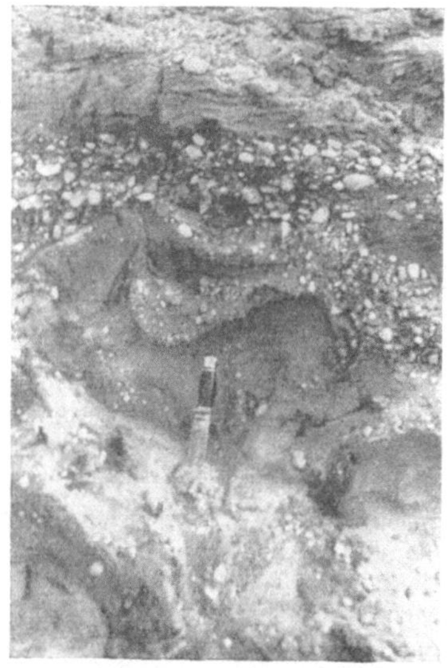

Abb. 6. Taschenboden

Füllung (Braunkohlenschluff, schwach feinsandig) und ihrer Tiefe (bis 15 cm) deutlich von den übrigen Spalten abweichen.

KEILHACK (1923) beschreibt aus den Tagebauen Erika und Heye III (jetzt Heide) Sandvorkommen im Braunkohlenflöz, die auf Grund ihrer Lagerung von ihm als epigenetisch erkannt werden, und unterscheidet zwischen pleistozänen und intramiozänen Bildungen.

Einlagerungen pleistozänen Alters bestehen aus Sanden und Kiesen bei petrographischer Übereinstimmung mit der rein nördlichen Geröllgemeinschaft des unmittelbar hangenden Materials. KEILHACK nimmt an, daß das Inlandeis durch starken Druck und Schub das Flöz gelockert hat, z. T. aufblätterte und die Gletscherschmelzwässer in diese Spalten Sand und Kies „hineingeflößt“ haben.

Die Einlagerungen miozänen Alters werden aus Teilen des Tagebaues Erika beschrieben. Hier wird das Braunkohlenflöz von 10—15 m mächtigen Glimmersanden überlagert, die im Gegensatz zum liegenden Glimmersand ungleichkörniger aufgebaut sind und Einlagerungen von Schluffschichten aufweisen. KEILHACK schreibt dazu wörtlich: „Etwa 10 cm über der Basis dieser Glimmersande fand sich in der Grube Erika stellenweise eine dünne Lage von grauen, bis über zentimetergroßen Geröllen.“ Einlagerungen dieses Sandes werden als ± senkrechte, bis mehrere Zentimeter starke Adern oder unregelmäßig gestaltete Massen mit Durchmessern von mehreren Metern beschrieben. KEILHACK unterscheidet zwischen der „Intrusion“ hangender und liegender Sande und deutet sie als Ausfüllung „fossiler Erdbebenspalten“.

3. Deutung und Rückschlüsse

Für einen Vergleich zwischen den Funden KEILHACKs und den neuen Beobachtungen ist zunächst die Genese der Spalten in der Glassandgrube Fabian zu klären.

Ihr miozänes Alter scheidet aus, da alle Spalten von der durch die Talbildung erodierten Oberkante der glazigen gestauchten Glassande einsetzen. Auf pleistozänes Alter weisen auch die Spaltenfüllungen (Geschiebemergel, Kiessand, umgelagerter Braunkohlenschluff und Glassand). Die Art des Spaltenverlaufes sowie die mehrphasige Spaltenanlage bei teilweise asymmetrischer Rißbildung schließt darüber hinaus ihre Entstehung durch Trockenrisse, Eisdruck oder „fossile Erdbeben“ aus.

Die in der Glassandgrube Fabian beobachteten Spalten im Glassand sind z. T. mehrphasige epigenetische Eiskeilspalten und somit Zeugen pleistozänen Dauerfrostbodens im periglazialen Klimabereich.

Das Vorkommen von Geschiebemergel als Füllmasse verschiedener Eiskeilspalten gestattet entgegen WOLDSTEDT (1955 — Norddeutschland im Eiszeitalter) den Schluß, daß die erste Anlage des Breslau—Magdeburger Urstromtales älter als warthestadial ist.

Mit KEILHACK (1923 — Erläuterungen zu Blatt Hohenbocka) könnte sogar auf elstereiszeitliches Alter geschlossen werden.

Paläoklimatisch erlauben die unverhältnismäßig weit ausgearbeiteten Spaltenoberteile sowie die geringe Tiefe

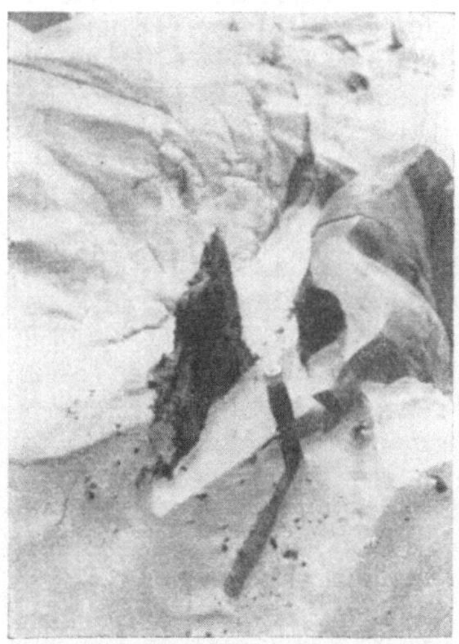

Abb. 7. Frostspalte mit Geschiebemergelfüllung durch Deflation an der Glassandstrosse herausgearbeitet

der einphasigen Spaltennetze darüber hinaus den Schluß auf Abklingen der Frostintensität beim Wechsel jahreszeitlichen Auftauens und Gefrierens im periglazialen Klimabereich. Die Eiskeilspalten in der Glassandgrube Fabian sind mithin Zeugen einer ersten Talanlage z. Z. des Elster- bzw. Saaleeisrücktauens.

Im Vergleich mit den Beobachtungen KEILHACKs hinsichtlich der Einlagerungen pleistozäner Kiessande

Abb. 8. Spaltennetz auf der abgeräumten Glassandoberfläche

in den oberen Schichten der Braunkohle bei unmittelbarer Auflage durch Pleistozän liegt ebenfalls die Vermutung auf gleichsinnige Folgen periglazialer Klimabeeinflussung nahe, ein gültiger Schluß kann jedoch nur bei unmittelbarer Aufschlußbeobachtung vorgenommen werden. Eine Umdeutung der „fossilen Erdbebenspalten" als Zeugen periglazialen Dauerfrostbodens (Schichteisbildung?) kann mangels Beobachtungsmöglichkeiten ebenfalls nicht erfolgen. „Verknetungen" von Kiessanden mit Erosionsresten der Braunkohle (Abb. 6) in der Glassandgrube Fabian können auf Grund periglazialen Klimas entgegen der Annahme KEILHACKs als Taschenböden gedeutet werden; sie sind also wie die Spalten im Glassand unter Einwirkung von periglazialem Dauerfrostboden entstanden.

4. Zusammenfassung

In der Glassandgrube Fabian vorkommende Spalten und Spaltennetze werden beschrieben und ihre Genese unter periglazialen Klimabedingungen aufgezeigt. Die z. T. mehrphasigen epigenetischen Eiskeilspalten setzen von der durch die Erosion im Urstromtal erodierten Oberfläche glazigen gestauchte Glassande an. Es wird der mehrphasige, durch periglaziale Klimaeinwirkungen unterbrochene Aufbau des Breslau—Magdeburger Urstromtales gezeigt, das auf Grund der Eiskeilspaltenfüllungen im Talboden in seiner ersten Anlage vorwarthestadialen Alters ist.

Literatur

KEILHACK, K.: Erläuterungen zu Blatt Hohenbocka Nr. 4550.
WOLDSTEDT, P.: Norddeutschland und angrenzende Gebiete im Eiszeitalter. Köhler-Verlag/Stuttgart, 2. Aufl. 1955.

Zur Ermittlung des geologischen Schwellengehaltes

EBERHARD KAUTZSCH, Berlin

Bei der Berechnung von Mineralvorräten spielen die beiden Begriffe „industrieller Minimalgehalt" und „geologischer Schwellengehalt" eine bedeutende Rolle.

Der industrielle Minimalgehalt ist die unterste Grenze für den Durchschnitt des an die Aufbereitung gelieferten Erzes. Unter dieser von der Industrie gesetzten Grenze einer Tages-, Schicht- oder Monats-Förderung ist eine wirtschaftliche Verarbeitung des Erzes zur Zeit unmöglich. Der industrielle Minimalgehalt ist in der Regel höher als der geologische Schwellengehalt.

Der geologische Schwellengehalt ist die vom Geologen für jeden Vorratsblock, Lagerstättenteil oder die ganze Lagerstätte festgelegte Gehaltsgrenze, welche die abzubauenden Vorräte (Bilanzvorräte) von den nicht abbauwürdigen (Außerbilanzvorräten) abscheidet. Der geologische Schwellengehalt kann in Einzelfällen mit dem industriellen Minimalgehalt zusammenfallen, liegt jedoch meist niedriger. Der Gehaltsunterschied beider ergibt sich aus der Möglichkeit, hochwertige Erzpartien durch minderwertige bis zum industriellen Minimalgehalt zu verschneiden.

Meines Erachtens fehlt hierzu noch ein dritter Begriff bei der praktischen Berechnung von Mineralvorräten. Von seiten der Industrie ist es nicht gleichgültig, welche tiefsten geologischen Schwellengehalte der jeweilige Betriebsgeologe bei der Berechnung der Mineralgehalte in einem Lagerstättenabschnitt anwendet.

Die alleinige arithmetische Ermittlung eines geologischen Schwellengehaltes innerhalb eines Vorratsblockes genügt nicht und kann unter Umständen zu erheblichen Verlusten führen.

In der Regel ist es so, daß eine weitaus überwiegende Mehrzahl der natürlichen Rohstoffe vor ihrer Verwertung in der Industrie eine Anreicherung durch Aufbereitungsverfahren erfährt. Bei der Durchführung der Aufbereitungsverfahren ist immer mit einem gewissen Verlust zu rechnen, welcher bei der Erfolgsbilanz aller Aufbereitungen als Rohstoffgehalte in den Bergeabgängen in Erscheinung tritt. Zum Beispiel sagt man, eine Aufbereitung hat ein Ausbringen von x %, wobei die Bergeabgänge maximal noch y % des betreffenden Rohstoffes enthalten. Diese zuletzt genannte Ziffer, welche die Rohstoffverluste in den Bergeabgängen berücksichtigt, sollte man als Mindestgrenze für die geologischen Schwellengehalte eines Feldesabschnittes annehmen, wenn nicht von seiten der Industrie ein noch höherer Gehalt für wünschenswert erachtet wird. Unterschreitet man diese Mindestgrenze, so wird das Rohstoffausbringen unnötig herabgesetzt. Diese Wertminderung ist um so höher, je mehr Bergeabgänge insgesamt erzeugt werden. Da man heute in zunehmendem Maße durch Verbesserung der Aufbereitungsverfahren große Mengen relativ ärmerer Rohstoffe verarbeitet, können hierbei beträchtliche Verluste an der Substanz der Lagerstätte auftreten. Zwei Beispiele mögen dies erläutern.

1. Im Mansfelder Hüttenkombinat gehen beim Erschmelzen des Kupfersteins etwa 2 bis 3 kg/t Kupfer in die Schlacke. Diese Zahl ist bei dem Massendurchsatz der Mansfelder Rohhütten von mehreren 1000 tato als unterste Grenze des geologischen Schwellengehaltes anzusehen. Insbesondere bei den kalkigen Zuschlägen spielt dies bei dem Mansfelder Verarbeitungsgang eine beachtliche Rolle.

Deshalb darf auch bei der Gewinnung der als Kalkzuschläge den Kupferschiefern zugegebenen Dachbergen diese unterste Gehaltsgrenze von 3 kg Cu/t nicht unterschritten werden. Sonst wird dieser Kupfergehalt in den zur Verarbeitung kommenden Kupferschiefern von den geringwertigen Dachbergen mit verbraucht und wandert in die Schlacke. Dieses einfache Beispiel aus der Praxis zeigt, wie hier also noch ein Begriff, die unterste zulässige Grenze des geologischen Schwellengehaltes fehlt. Sie liegt im genannten Beispiel in gleicher Höhe wie die Bergeabgänge des angewandten pyrometallurgischen Aufbereitungsverfahrens.

Dies ist aber nicht immer der Fall, wie das folgende Beispiel aus dem Freiberger Pb – Zn-Bergbau zeigen möge:

2. In der Aufbereitung des Freiberger Pb — Zn-Bergbaues schwankt der Pb-Gehalt in den Bergeabgängen um 0,25%. Man hat aber die unterste Grenze des geologischen Schwellengehaltes generell auf 0,5% Pb festgelegt. Der Grund liegt darin, daß bei Anwendung eines geringeren geologischen Schwellengehaltes von 0,5% die Höhe der Pb-Gehalte in den Bergeabgängen immer bei 0,25% liegen. Es entstehen also in diesem Falle Verluste von Metall. Andererseits ist festgestellt worden, daß bei Heraufsetzen des geologischen Schwellengehaltes plötzlich die Pb-Gehalte in den Bergeabgängen der Aufbereitung steigen, daß also auch hier Verluste auftreten. Deshalb ist die erwähnte Grenze 0,5% Pb als eine Grenze nach oben und nach unten anzusehen.

Zusammenfassend geht aus den beiden genannten Beispielen hervor, daß die Festlegung des geologischen Schwellengehaltes nicht willkürlich für einen bestimmten Lagerstättenabschnitt erfolgen darf, sondern, daß hier in sehr weitgehendem Maße generell das jeweilige zur Anwendung gelangende Verarbeitungsverfahren und die hierbei auftretenden Verluste Einfluß auf diese Größe, vor allem als unterste Grenze haben. Deshalb sollte man hier noch den Begriff „Generelle unterste anwendbare Grenze des geologischen Schwellengehaltes" einführen.

Einsatzmöglichkeiten der Photogrammetrie für die geologische Erkundung innerhalb der DDR

Bemerkungen zu einem gleichnamigen Beitrag von R. STRAUBEL[1])

Der Beitrag von STRAUBEL enthält zwei Fehler, die der Richtigstellung bedürfen.

1. STRAUBEL führt auf Seite 578 Lage- und Höhenfehler der terrestrischen Photogrammetrie für gut einstellbare Punkte in Abhängigkeit vom Plan- bzw. Kartenmaßstab an. Diese Zahlenwerte sind aus MANEK, Erdbildmessung, Knapp-Verlag Halle, 1950, S. 121, sinnentstellend entnommen worden.

Die von STRAUBEL als Maximalfehler für gut einstellbare Punkte mitgeteilten Werte sind von MANEK als „Fehlergrenzen für die Höhenlinie bei stark bedecktem Gelände" bei automatischer Auswertung (Stereoautographenauswertung) angegeben. Es bestehen jedoch grundsätzliche Unterschiede zwischen einem „Fehler" als Genauigkeitsmaß und einer „Fehlergrenze". Es besteht aber auch ein offensichtlicher Unterschied zwischen einem „gut einstellbaren Punkt" und einer „automatisch aufgetragenen Höhenlinie".

MANEK stützt seine Zahlenangaben auf die Veröffentlichung von LÖRKE, „Die kartographischen Unterlagen für die technische Betätigung unter besonderer Berücksichtigung ihrer Gewinnung auf photogrammetrischem Wege", Bildmessung und Luftbildwesen 1927, Heft 3, S. 107–120.

LÖRKE gibt für den „allgemeinen Schichtenverlauf" folgende Genauigkeitsangaben:

Maßstab	Lage innerhalb	Höhe innerhalb
1: 2000	0,7 m	0,4–0,5 m
1: 5000	1,0 m	0,7 m
1:25000	5,0 m	3,0 m

und bemerkt dazu: „... bei stark bedecktem Gelände hingegen sind die doppelten Werte der für den allgemeinen Schichtenverlauf geltenden Grenzen noch zulässig." Diese Zulässigkeitsgrenze für den Verlauf einer Höhenschichtlinie ist über MANEK von STRAUBEL als Fehler für einen gut einstellbaren Punkt übernommen worden.

Es geht aus diesen Zusammenhängen weiter hervor, daß die Zahlenangaben mindestens aus dem Jahr 1927 stammen, wenn sie nicht von LÖRKE ebenfalls von anderer Stelle übernommen wurden. Diese Zahlenangaben haben heute nur noch bedingte Bedeutung, da die feinmechanisch-optischen Geräte und die photographischen Emulsionen ebenfalls Verbesserungen erfahren haben.

Es ist festzustellen, daß die von STRAUBEL mitgeteilten Lage- und Höhenfehler keine aus dem photogrammetrischen Verfahren abgeleiteten Genauigkeitsmaße darstellen, sondern Genauigkeitsforderungen, die für bestimmte Maßstäbe aufgestellt wurden. Die Lagegenauigkeit für gut einstellbare Punkte ist besser als die mitgeteilten Werte aussagen.

2. STRAUBEL schreibt auf S. 578 u. „Die Aerophotogrammetrie scheidet für diesen Zweck aus, weil ... für Auftragsarbeiten in der DDR eine Spezialorganisation fehlt".

Diese Anschauung mag noch vor kurzem zumindest eine gewisse formelle Berechtigung gehabt haben. Sie dürfte jedoch als Argument nicht angeführt werden.

Es ist anzunehmen, daß die Arbeit von STRAUBEL vor Veröffentlichung der „Zweiten Durchführungsverordnung über die Koordinierung der Arbeiten im Vermessungs- und Kartenwesen — Luftbildaufnahmen" — vom 27. 10. 1958 (Gesetzblatt Teil I, Nr. 66, S. 803) vorlag.

Um so mehr ist es notwendig, jetzt auf diese VO hinzuweisen. Nach dieser VO kann von den Organen der staatlichen Verwaltung, staatlichen Einrichtungen und volkseigenen Betrieben — also auch der Geologischen Kommission — über ihre zuständigen zentralen Organe beim Ministerium des Innern, Verwaltung, Vermessungs- und Kartenwesen die Anfertigung von Luftbildaufnahmen und Luftbildplänen für geodätische und kartographische Zwecke beantragt werden. Aufgabe der Geologischen Kommission, und hier insbesondere der verantwortlichen Markscheider, muß es sein, die entsprechenden Aufgaben auszuwählen und an die Verwaltung Vermessungs- und Kartenwesen heranzutragen.

WERNER RÜGER

[1]) Z. angew. Geol., Bd. 4, H. 12, S. 578ff.

Neben der vermessungstechnischen Auswertung hat in den letzten Jahren die geologische Interpretation der in einem photogrammetrischen Meßbild enthaltenen „Informationen" wachsende Bedeutung erzielt. In steigendem Maße werden für die Erkundung von Lagerstätten Luftbilder herangezogen. Den notwendigen Schlüssel für die Interpretation der Bilder bietet eine an Hand der Bilder durchzuführende Feldkartierung in einem oder mehreren Profilen. Das Verfahren, Luftbildaufnahme und geophysikalische Messungen vom Flugzeug aus gleichzeitig vorzunehmen, gibt weitere wertvolle Möglichkeiten.

Die technischen Verfahren für eine vorteilhafte Anwendung der Photogrammetrie sind differenziert ausgearbeitet. Sie beschränken sich nicht nur auf die geologische Erkundung großer Räume, sondern auch auf kleinere Gebiete, wie eine interessante Studie von T. HAGEN über die photogeologische Bearbeitung des westlichen Säntisgebirges (HAGEN 1952) zeigt. Das Schrifttum über die geologische Anwendung der Photogrammetrie ist stark angewachsen. Es ist jedoch einer eigenen Arbeit vorbehalten, diesen Gegenstand ausführlicher darzulegen.

Es ist zu begrüßen, wenn von geologischer Seite aus in der DDR das Bestreben besteht, auch für die Lösung geologischer Aufgaben in unserem Land Luftbilder zu verwenden. R. STRAUBEL versucht die Einsatzmöglichkeiten der Photogrammetrie zu diesem Zweck abzuschätzen. Allerdings muß einigen Punkten seiner Arbeit widersprochen werden.

1. Die 2. Durchführungsbestimmung zur Verordnung über die Koordinierung der Arbeiten im Vermessungs- und Kartenwesen — Luftbildaufnahme — vom 27. 10. 1958 regelt das Verfahren zur Bestellung von Bildflügen. Damit ist — zumindest theoretisch — die „Spezialorganisation" vorhanden, und es gilt, sie durch geeignete Aufträge zum Arbeiten zu bringen.

2. Der Hinweis auf das gute vorhandene topographische und geologische Kartenmaterial bedarf einer sorgfältigen Prüfung. Auf jeden Fall wird eine Neubefliegung der DDR auch für den Geologen ihre Früchte tragen, wenn er zeitig genug seine Forderungen und Wünsche anmeldet. Durch Koordinierung aller Interessen wird eine gute Ausnutzung des Bildmaterials erzielt und die Wirtschaftlichkeit des Verfahrens stark gefördert.

3. Die definitive Feststellung „Die Aerophotogrammetrie scheidet aus ökonomischen Gründen aus" ist in dieser Form unkorrekt und in keiner Weise begründet. Die Staatliche Geologische Kommission könnte durch geeignete Aufträge die Wirtschaftlichkeit des Verfahrens steigern helfen. Nach mehreren Bildflügen wird dann auch das Zahlenmaterial zu dieser Frage vorliegen, das heute noch fehlt.

4. Die Genauigkeitsangaben über die terrestrische Photogrammetrie sind falsch von F. MANEK (1952) übernommen.

Es muß heißen:

Fehlergrenzen

Maßstab	Lagefehler			Höhenfehler		
	Gut einstellbare Punkte	Höhenlinie		Gut einstellbare Punkte	Höhenlinie	
		im allgemeinen	bei stark bedeckt. Gelände		im allgemeinen	bei stark bedeckt. Gelände
	m	m	m	m	m	m
1: 1000	0,2	0,4	0,8	0,12	0,3	0,6
1: 2000	0,3	0,7	1,4	0,3	0,5	1,0
1: 5000	0,6	1,0	2,0	0,5	0,7	1,5
1:10000	1,5	2,0	4,0	0,8	1,5	3,0
1:20000	2,5	4,0	8,0	1,5	2,5	5,0
1:25000	3,0	5,0	10,0	2,0	3,0	6,0

Dabei ist darauf hinzuweisen, daß F. MANEK diese Werte durch Ableitung aus einer Veröffentlichung von LÖRKE (1927) gewonnen hat. Zur Genauigkeitsangabe für Höhenlinien ist jedoch erläuternd festzustellen, daß bei Höhenliniendarstellungen die Formenbeschreibung gegenüber der Höhengenauigkeit hervortritt. Im übrigen sind die angegebenen Werte „Grenzwerte" und wie neuere Arbeiten ergeben haben, sicher einzuhalten.

Literatur

HAGEN, T.: Das westliche Säntisgebirge photogeologisch gesehen und bearbeitet. — Mitt. a. d. Geog. Inst. d. T. H. Zürich, Nr. 6, 1952.
MANEK, F.: Erdbildmessung. — Halle 1950.
LÖRKE: Die kartographischen Unterlagen für die technische Betätigung unter besonderer Berücksichtigung ihrer Gewinnung auf photogrammetrischem Wege. — Bildmess. u. Luftbildw. 2 (1927), S. 107—120.

G. DITTRICH

Über eine vielkanalige fernmessende Apparatur zur komplexen geophysikalischen Untersuchung von Bohrlöchern[1]

J. E. BELENKI, W. N. MICHAILOWSKI & A. N. SWENSON, referiert von F. WEGERT

In den letzten Jahren wurde der Komplex von geophysikalischen Borlochuntersuchungen immer größer. Neben den elektrischen Standardmessungen werden Kaliber-, Neigungs-, BKS-, radioaktive und andere Messungen durchgeführt. Das führt dazu, daß bei den Bohrungen viel Zeit für die Durchführung dieser Arbeiten verloren wird. Darum wurde die Konstruktion einer Apparatur notwendig, die die automatische Aufzeichnung mehrerer gleichzeitig gemessener Größen ermöglicht.

Die Autoren dieser Arbeit beschreiben den Aufbau eines derartigen Gerätes, das vom Institut für Maschinenkunde und Automatik bei der Akademie der Wissenschaften der Ukrainischen SSR entwickelt worden ist. Es handelt sich hier um eine Apparatur mit vielen Kanälen, die zeitlich getrennt voneinander durch ein einadriges Kabel übertragen werden. Man kann z. B. gleichzeitig BKS mit acht Sonden und das Eigenpotential messen.

Die zeitliche Trennung der Kanäle und damit die Möglichkeit der Übertragung aller Kanäle über ein Kabel wird durch schnellwirkende Elektronenkommutatoren erreicht, die mit einer Frequenz von 20 Hz die verschiedenen Meßkreisläufe umschalten. Diese Messungsfrequenz gibt die Möglichkeit, die Messung mit einer Geschwindigkeit von 3 bis 3,5 km/h durchzuführen.

Die ganze Apparatur besteht im wesentlichen aus drei Teilen, dem Tiefengerät, dem Empfänger und dem

[1] Aus: „Geologia nefti i gasa", Nr. 1/1959.

Generator. Sie wird durch gewöhnlichen Industriestrom mit der allgemein üblichen Frequenz gespeist. Das Tiefengerät erhält von der Oberfläche Wechselstrom (400 Hz). Die Schwankungen der Netzspannung dürfen ± 10% nicht überschreiten.

Die Stromstärke für die Speisung der Sonden wird durch ein automatisches Regulierungssystem unabhängig von Änderungen der Kabelparameter, des Gesteinswiderstandes oder der Netzspannung konstant gehalten.

Das Tiefengerät hat eine Länge von 2,2 m und einen Durchmesser von 70 mm. Hier befindet sich ein Elektronenkommutator, der aus dem Generator der Selektorenimpulse (nach dem Schema eines selbsterregenden vielphasigen Multivibrators gebaut) und den Zeitselektoren besteht. Jeder Selektor wird durch die Selektorenimpulse für eine Zeit von zwei Perioden der zu messenden Wechselspannung eingeschaltet. Hinter dem Kommutator haben wir also eine Sinuslinie, deren einzelne Abschnitte zu verschiedenen Kanälen gehören. Außer den gemessenen Werten der acht Widerstandskanäle werden Angaben über die Lage des Meßbereichumschaltrelais, über den Speisungsstrom der Elektrode A und über die Größe des Eigenpotentials zur Erdoberfläche übertragen. Zur Verringerung des Einflusses von Veränderungen der Kabelparameter auf die Messungsfehler befindet sich hinter dem Elektronenkommutator ein Frequenzmodulator. Das Elektronensystem wird durch einen Kenotrongleichrichter gespeist.

Im Empfänger an der Erdoberfläche wirkt ebenfalls ein Elektronenkommutator, der die 10 Elektronenschlüssel (Trioden) der Reihe nach einschaltet. Dadurch werden den Trioden angeschlossene Kondensatoren aufgeladen. Bis zum nächsten Impuls behält der Kondensator die zu messende Größe. Von hier aus werden die Kanäle auf einen vielkanaligen Fotoregistrator übertragen, der Kanal der Lage des Umschaltrelais auf eine entsprechende Skala und der Kanal des Speisungsstromes auf den automatischen Regler der Stromstärke. Hier wird die Spannung, die aus dem Bohrloch übertragen wurde, gleichgerichtet und dann mit der konstanten Spannung eines Gleichstroms, der durch ein Stabilovolt erzeugt wird, verglichen. Die hier vorhandenen Spannungsunterschiede werden auf einen Elektronenregulator der Eingangsspannung übertragen. Durch dieses Regulierungssystem wird der Speisungsstrom des Tiefengerätes und der Elektrode A mit einer Genauigkeit bis zu ± 1% konstant gehalten.

Die Synchronisation der Kommutatoren im Tiefengerät und im Empfänger wird durch Impulse, die bei der Umschaltung der Kanäle im Tiefengerät erzeugt werden, erreicht. Um zu erreichen, daß die Kommutatoren auch in Phase liegen, wird je ein Kanal in beiden Kommutatoren $1^1/_2$mal länger eingeschaltet als die anderen Kanäle.

Ein Gerät dieser Art hat sich bei detaillierten Versuchen in der Praxis bewährt, und im gegenwärtigen Moment wird auf seiner Grundlage ein Meßwagen zur industriellen Produktion vorbereitet.

Besprechungen und Referate

MORET, L.

Précis de Géologie

3me Edition. 676 p. avec 322 figures. Masson et Cie, Paris 1958

Dieses von dem berühmten französischen Geologen L. MORET geschriebene Buch ist als Abriß der Geologie für Studenten gedacht. Es gibt eine allgemeine geologische Übersicht im Stil der französischen Schule, d. h. es ist speziell in paläogeographische, geophysikalische, tektonische, stratigraphische, paläontologische, mineralogische, petrographische usw. Abschnitte und Kapitel gegliedert. Es handelt sich somit nicht um ein Lehrbuch, sondern nur um einen Abriß. Nach größeren Abschnitten und am Ende des Buches gibt der Autor zusätzliche Literaturhinweise für das eingehende Studium der Geologie. Es gibt nur wenige Beispiele, in denen es bisher gelang, die neuesten geologischen Erkenntnisse in einem Buch so kleinen Formats zusammenzufassen.

Wie Verf. in der Einleitung bemerkt, mußte die dritte Ausgabe kurzfristig erscheinen, da die vorherige zweite Ausgabe zu schnell vergriffen war und die Nachfrage nach dem Buch ständig anstieg. Er hatte daher nicht die Möglichkeit, eine Anzahl Abschnitte nach dem letzten Stand der Erkenntnisse zu berichtigen. Dazu ist zu sagen, daß man sich z. B. hinsichtlich der Frage nach der Entstehung der Erde nicht immer auf die Theorien von LAPLACE und JEANS beschränken kann, sondern es müßten auch die entgegengesetzten Ansichten über die Entstehung der Erde und der anderen Planeten auf kaltem Wege aus kosmischem Staub und aus Meteoriten angeführt werden (beispielsweise O. J. SCHMIDT usw.).

Wo im Abschnitt „Petrographie" über die Kimberlite abgehandelt wird, darf auch nicht andauernd über ihre Verbreitung nur in Südafrika gesprochen werden, da sie außerdem auch in Zentralafrika (Belgisch-Kongo, Französisch-Kongo, Angola) und insbesondere auf der Sibirischen Tafel, wo sie gleichfalls diamantführend sind, angetroffen worden sind.

Diese sowie andere kleine Abänderungen wird der Autor in der nächsten Ausgabe ohne Zweifel schon von sich aus vornehmen.

Der Aufmerksamkeit deutscher Geologen kann besonders die kurze tektonische und stratigraphische Synthese über die französischen Alpen empfohlen werden, da der Autor zu den größten lebenden Alpengeologen gehört und nicht umsonst einmal geäußert hat, daß jeder Geologe außer der eigenen Heimat noch eine andere hat: Die Alpen.

Zum Schluß sei gesagt, daß das Erscheinen solcher Bücher sehr zu begrüßen wäre, die wichtige Fragen unter neuen Aspekten behandeln und die Geologie auf eine der ersten Plätze unter den Naturwissenschaften stellen.

G. CHRYPLOFF

Can underground blast make shale oil competitive?

„The Oil and Gas Journal", Januar 12, 1959, S. 58

Anfang Januar 1959 berieten Vertreter der amerikanischen Erdölindustrie, der AEC (Atom-Energie-Kommission) und des Bureau of Mines in Dallas über ein Experiment, das, wenn es erfolgreich wäre, die Schieferöl-Gewinnung revolutionieren würde. Das Experiment besteht in einer Versuchs-Kernsprengung, der eine in situ-Verbrennung in der Explosionszone folgt, in den riesigen Ölschiefer-Ablagerungen der Rocky Mountains. Damit soll festgestellt werden, ob eine solche Gewinnungsmethode im großen Umfang angewandt werden kann, um die Billionen Tonnen betragende Ölreserve, die in den ungeheuren, in Colorado, Utah und Wyoming verbreiteten Green-River-Ablagerungen steckt, wirtschaftlich auszubeuten und das Schieferöl im Preise konkurrenzfähig zu machen. Der geplante Versuch wäre einer Atomexplosion äquivalent. 10 kilotons T. N. T. Bei einem Erfolg würden für den wirtschaftlichen Gebrauch thermonucleare Explosionen von 1 Megaton vorgesehen sein. Es wird angenommen, daß bei dem 10 Kiloton-Versuch 15000 bbl. Schieferöl und 10000000 cb-Fuß Gas allein durch die Explosionshitze freigesetzt würden. Außerdem würden riesige Mengen Ölschiefer zertrümmert werden und die Ölausbeute sehr erhöhen. Es wird geschätzt, daß bei der 1-Megaton-Explosion 50000000 t Ölschiefer bei 3000 Fuß Tiefe zertrümmert und bis zu 30000000 bbl. Öl gewonnen würden.

Die Schätzungen gründen sich vor allem auf die Erfahrungen aus dem 1,7 Kiloton Rainer-Atomschuß, der im September 1957 unterirdisch in Nevada im Oak Springs-Tuff ausgelöst wurde.

Die Kosten für das Versuchsprojekt werden auf 1200000 Dollar geschätzt. Die Erdölindustrie, die die Durchführung des Versuches finanzieren soll, zögert noch, da sie an einem Erfolg zweifelt. PCHALEK

SCHÖNAUER, G.

Förderbedingungen und Marktverhältnisse des amerikanischen Steinkohlenbergbaus

„Der Volkswirt", Nr. 3, vom 17. 1. 1959

Am amerikanischen Steinkohlenbergbau ist nach dem Autor charakteristisch, daß die Steinkohlenförderung vornehmlich von Klein- und Mittelbetrieben durchgeführt wird. Sieht man von den 4000 Kleinzechen ab, dann fördern etwa 90% aller Steinkohlengruben täglich zwischen 40 und 2000 t Steinkohle. In der Bundesrepublik fördern demgegenüber etwa 65% der Schachtanlagen mehr als 2000 Tagestonnen.

Die flache und gleichmäßige Lagerung der Flöze begünstigt die maschinelle Förderung. Während bisher Förderung und Verladung in zwei getrennten Arbeitsprozessen erfolgten, gehen zur Zeit die Mechanisierungsanstrengungen dahin, beide Arbeitsgänge durch den Einsatz bestimmter Spezial geräte zu vereinen. Man erwartet auf diese Weise, die Schichtleistung um etwa 90% erhöhen zu können.

Während in Westeuropa das Heizöl den Kohlenanteil am Energieverbrauch zurückdrängt, hat der amerikanische Steinkohlenbergbau nicht nur gegen die weitere Verwendung des Heizöles, sondern auch gegen die des Erdgases anzukämpfen. Die Absatzverluste des Steinkohlenbergbaus beliefen sich bei den Eisenbahnen und im Hausbrandsektor von 1951 bis 1957 auf nahezu 65 Mio t pro Jahr. Durch die Steigerung des Kohleverbrauchs der öffentlichen Kraftwerke könnte dieser Absatzverlust wettgemacht werden. „Es liegt durchaus im Bereich des Möglichen, daß die öffentlichen Kraftwerke als die gegenwärtig größten Kohleverbraucher der Vereinigten Staaten zu einer stärkeren Verwendung des Erdgases übergehen. Im gegenwärtigen Zeitpunkt beläuft sich die Stromerzeugung auf Erdgasbasis immerhin schon auf rund 18%."

Anteil der wichtigsten Primärenergieträger an der Energieversorgung

	USA (in %)		Bundesrepublik (in %)		
	Kohle	Erdöl u. Erdgas		Kohle	Erdöl u. Erdgas
1938	51,3	45,2	1938	93,2	3,5
1948	45,0	51,2	1948	92,0	10,9
1957	27,1	68,3	1957	84,7	12,2

E.

WINTER, F.

Heizung mit Kohle, Gas und Elektrizität

„Industriekurier", Nr. 6 (1) vom 14. Januar 1959

Mehr als die Hälfte aller auf dem westdeutschen Markt verfügbaren Kohle wird in die Edelenergien Gas und Koks umgewandelt. Hauptabnehmer ist die Eisen schaffende Industrie. Aber auch die chemische Industrie, der Verkehr, Haushalt und das Gewerbe sind bedeutende Verbraucher. Von der gesamten Steinkohlenförderung Westdeutschlands (1957: $132 \cdot 10^6$ t) gingen $67 \cdot 10^6$ t in die Kokereien und Gaswerke, von denen $45{,}1 \cdot 10^6$ t Zechen- und Hüttenkoks und etwa $5{,}4 \cdot 10^6$ t Gaswerkskohle erzeugt wurden. Davon entfallen etwa $13 \cdot 10^6$ t Koks auf den Hausbrand. Durch seine guten physikalischen Eigenschaften läßt sich mit Koks eine fast vollständige Verbrennung und ein Verbrennungswirkungsgrad von über 95% bei geringem Luftüberschuß erzielen. Großkessel sind dabei von der Korngröße unabhängiger.

Bei der industriellen Verwendung von Koks lassen sich vier große Verbrauchergruppen unterscheiden:

1. Koks als Reduktionsmittel bei der Verarbeitung von Erzen zu Metallen (1957: $10 \cdot 10^6$ t),
2. Koks als Rohstoff in der chemischen Industrie,
3. Umwandlung von Koks in gasförmigen Brennstoff,
4. Koks als Brennstoff in Feuerungen.

Die Verhältnisse in der Energiewirtschaft der Bundesrepublik sind recht vielseitig. In Süddeutschland dominieren die Wasserkräfte, in Norddeutschland die festen Brennstoffe. Ein Teil Westdeutschlands ist an die Gasfernheizung angeschlossen, ein anderer Teil hat nur Einzel- oder Gruppengaswerke. DRESSEL

ANON

Offshore gas-seeps are detected quickly with new technique

„Oil & Gas-Journal", V. 46, No. 48 (1958), S. 82

Seit mehreren Jahren wird eine geochemische Methode zur Erkundung von Unterwasser-Gasaustritten industriell verwendet.

Ein Boot fährt über die zu untersuchende Fläche im Zickzack-Kurs; dabei wird laufend Wasser hochgepumpt und durch einen Infrarot-Analysator geschickt, der laufend eine Kurve des Gasgehaltes aufschreibt. Um sicher zu sein, wird die Erkundung frühestens nach einer Woche wiederholt. Ortung geschieht durch Radarverfahren. Gasaustritte von 0,5 Kubikfuß pro Stunde können noch sicher erkannt werden. MEINHOLD

METZGER, H. A.

Preliminary report on fracturing by vibration — a new method of well stimulation

„Journ. of Petr. Technology", V. X, Nr. 11 (1958), S. 13 bis 16

Diese Methode, über die bereits an anderer Stelle berichtet wurde, verwendet einen Perforator, der neben normalen Löchern ein Loch von 1,5 Zoll erzeugt. Dann wird unter der Flüssigkeitssäule eine speziell konstruierte Sprengladung gezündet, welche schnell hintereinanderfolgende Stoßwellen erzeugt. Dadurch wird nicht nur das Gebirge gelockert, sondern es wird auch Flüssigkeit in starkem Maße ins Gebirge gepreßt und mit viel höheren Spitzendrücken, als sie irgendeine Pumpe erzeugen kann. Über die Konstruktion der Ladung wird in dieser Arbeit nichts ausgesagt.

MEINHOLD

ROUVIÉRE, R. & W. TIRASPOLSKY

Les possibilités d'extension du turboforage au domaine de l'eau

„Revue de l'Inst. Franc. de Petr." XIII, Nr. 11, S. 1547 bis 1552

Es spricht nichts dagegen, die Bohrturbine auch für die tiefere Wassererschließung einzusetzen. Die Kosten betragen nur $^1/_5$ bis $^1/_{10}$ der von Rotarybohrungen. Für flache Bohrungen dauert eine Turbinenbohrung nur wenige Stunden; es ist noch nicht ganz geklärt, ob die hohen Installationskosten dadurch wettgemacht werden. Aussichtsreich erscheint die Methode selbst in diesem Falle. Weiterentwicklung der Methode ist möglich für:

1. Slim hole-Bohrungen; in der UdSSR gibt es bereits Turbinen für 4 Zoll Durchm. und 13,43 m Länge mit 240 Stufen.
2. Teufen kleiner Schächte von 20 bis 26″ oder Teufen von Vorschächten für Schächte größerer Tiefe.
3. Auffahren von Strecken mittels Vorbohrlöchern von 15 bis 20″ Durchmesser. MEINHOLD

Ein großes Bohrproben-Archiv hilft dem Erdölgeologen

„The Oil and Gas Journal", Januar 12, 1959, S. 62

Das Bureau of Economic Geology der Universität Texas in Austin hat eine große Sammlung von Bohrkernen und Proben angelegt. Dieses Archiv ist die größe öffentliche Sammlung ihrer Art in den USA. Sie enthält mehr als 4000000 Kerne und Proben von über 55000 Öl-, Gas- und Wasserbohrungen aus allen Landesteilen. Die Sammlung wiegt über 400 t und enthält Bohrkerne von annähernd 20000 Bohrungen und Spülproben von über 38500 Bohrlöchern. Zusammen repräsentiert sie eine geologische Dokumentation von etwa 2000 Bohrmeilen. PCHALEK

Radioisotope und Wasserhaushalt der Erde

„Angewandte Chemie", 70. Jahrgang, Nr. 10, 21. Mai 1958, Verlag Chemie GmbH, Weinheim/Bergstraße. Herausgegeben von der Gesellschaft Deutscher Chemiker.

Unter der Überschrift „Nachrichten aus Chemie und Technik" ist in o. g. Zeitschrift ein Artikel über Radioisotope und Wasserhaushalt der Erde enthalten. Es wird davon ausgegangen, wieviel Wasser sich im normalen Wasserkreislauf befindet. Spezifiziert wird diese Fragestellung durch die

Fragen, ob das ganze Grundwasser umgesetzt wird und ob das Wasser aus den großen Meerestiefen einmal an die Oberfläche kommt.

Eine Reihe von Forschern, z. B. W. F. LIBBY und seine Mitarbeiter, führten darüber in den letzten Jahren eine Reihe von Untersuchungen durch. Als Indikator zur Altersbestimmung von Wasser wird der überschwere Wasserstoff, das Tritium (^{3}H) verwendet. Dieses radioaktive Isotop mit einer Halbwertszeit von etwa $12^1/_2$ Jahren entsteht — normalerweise — ständig in der Stratosphäre als Produkt der kosmischen Höhenstrahlung.

Auf Grund des meßbaren oder nicht meßbaren Tritiumgehaltes ist eine Altersbestimmung des untersuchten Wassers möglich. So kann man z. B. feststellen, ob ein Quellwasser aus Niederschlägen stammt bzw. von juvenilen oder lange in Grundwasserleitern verweilten Wassern herrührt.

Quantitative Aussagen über den Austauschmechanismus zwischen den einzelnen Wasserreservoiren der Natur sind mit o. g. Methode durchaus zu machen.

Seit 1954, dem Beginn der großen Wasserstoffbombenexplosionen, ist der normalerweise sehr geringe Tritiumgehalt der Atmosphäre auf das Mehrfache angewachsen. Im Frühjahr 1954 stieg der Tritiumgehalt pro 10^{18} H-Atome von 10 auf 450 Tritiumatome an. Nach einer Verweilzeit in der Atmosphäre von etwa 40 Tagen verblieb der Gehalt bei 20 bis 50 Tritium-Atomen je 10^{18} H-Atome, um bis zu Beginn des Jahres 1956 erneut langsam anzusteigen.

Auf der nördlichen Halbkugel zeigten Untersuchungen von ozeanischem Oberflächenwasser und Wasser aus Flüssen und Seen bei ersterem, daß dort der Mittelwert des Tritiumgehaltes von einem Tritiumatom je 10^{18} H-Atome auf drei Tritium-Atome anstieg.

Der Anstieg bei Binnenwasser war demgegenüber stärker. Dabei ist jedoch zu berücksichtigen, daß u. a. das Einzugsgebiet z. B. eines Flusses bedeutend größer ist als die Flußoberfläche.

Als Beispiel für den Gehalt an Tritium in den Niederschlägen wird das Jahr 1956 herangezogen. In diesem Zeitraum fielen auf der nördlichen Halbkugel Tritium-Niederschläge von rd. $200 \cdot 10^7$ Tritium-Atomen/cm^2. Der beachtliche Anstieg des Tritiumgehaltes der Flüsse ist also durchaus davon herzuleiten.

Die Feststellung des Tritiumgehaltes der Niederschläge auf den Kontinenten und über dem Ozean in Zusammenhang mit dem Tritiumgehalt der Flüsse gestattet die Ermittlung des Gleichgewichtes des Wasseraustausches zwischen Atmosphäre, Ozean und Land.

Auf dem amerikanischen Kontinent zeigte sich, daß die Niederschläge zu einem Drittel aus wieder verdampftem Wasser aus den Flüssen und Seen bestehen und zu zwei Dritteln von Wind herangetragenes Ozeanwasser sind. Es gelang außerdem der Nachweis, daß beispielsweise das Grundwasser des Mississippi-Tales in einer Tiefe von 8 m am Austausch beteiligt ist. Die Verweilzeit des Wassers im Grundwasserreservoir wird hier von LIBBY auf etwa 15 Jahre angesetzt. Abgesehen von Ausnahmen, z. B., daß Regenwasser sich bereits nach wenigen Stunden im Quellwasser nachweisen läßt, setzte W. F. LIBBY eine Verweilzeit von 50 Jahren für Regenwasser in Grundwasser an.

In diesem Zusammenhang interessant erscheint eine Abhandlung in „Erdöl und Kohle" (11. Jahrgang, Nr. 6, Juni 1958) von HARO VON BUTTLAR, betitelt: „Wasserstoffbomben-Tritium als Indikator für Einpreßwasser bei der sekundären Erdölgewinnung."

Amerikanische Erdölgeologen haben sich die Tatsache des verstärkten Tritiumgehaltes der Flußwässer in der Form nutzbar gemacht, daß sie neuerdings zum Erkennen von Einpreßwasser in den Fördersonden den gegenwärtig erhöhten Tritiumgehalt der Oberflächenwässer verwenden. Bisher wurde den zum Fluten eines Erdölfeldes zur Verwendung kommenden Flußwässern radioaktives Jod als Indikator beigegeben. Da die Kosten für diesen Indikator relativ hoch sind, verwendet man daher gegenwärtig den billigen und zur Zeit „natürlich" vorkommenden erhöhten Gehalt an überschwerem Wasserstoff.

Abschließend sei dazu noch bemerkt, daß zwar die Gefahr einer sofortigen akuten Verseuchung der Grund- und Oberflächenwasser sowie des Meereswassers durch Tritium nicht gegeben ist, so ist doch besonders hervorzuheben, daß der natürliche Gehalt an überschwerem Wasserstoff, wie er bereits vermutlich seit vielen geologischen Epochen bestand, innerhalb von 2 Jahren auf das 2- bis 5fache anstieg. Bis zur Gegenwart ist sicher auch noch eine weitere Erhöhung eingetreten. In wenigen Jahren kann daher der bis heute noch absolut geringe Anteil an Tritium im Süß- und Meereswasser eventuell lokal zu großen Schädigungen verschiedenster Art bei Pflanzen, Tieren und Menschen führen.

Im Interesse aller ist es also dringend geboten, die Atom- und besonders die Wasserstoffbombenversuche sofort einzustellen. Ebenfalls sind bei Errichtung von Kernkraftanlagen aller Art für Forschung und Technik die allersorgfältigsten Vorsichtsmaßnahmen bei der Behandlung von radioaktivem Abfall zu beachten. Kein nicht völlig abgeklungenes radioaktives Abfallprodukt darf mit dem natürlichen Grund-, Oberflächen- und Meereswasser in Berührung kommen. H. KUPKE

HESS, F.

Probleme des Hochwasserschutzes am Niederrhein

Limnologische Schriftenreihe „Gewässer und Abwässer", August Bagel-Verlag Düsseldorf 1959, 115 S. mit 47 Abb., Gr. DIN A 5, Brosch. 15,— DM

Der Rheinstrom steht in seiner Gesamtbedeutung hinsichtlich Güterverkehr, Trink- und Brauchwasserentnahme und für die Einleitung von Abwässern wohl an erster Stelle unter den deutschen Strömen. Die große wirtschaftliche Bedeutung des angrenzenden Landes macht am Niederrhein einen vollen Hochwasserschutz erforderlich. Bei einem Höhenunterschied von 10 m zwischen niedrigstem und höchstem Wasserstand sind die herkömmlichen Verfahren des Deichbaues nicht mehr anwendbar.

Auf Grund der Erfahrungen als Leiter des Wasserwirtschaftsamtes Düsseldorf und als Oberdeichinspektor hat der Verfasser in kurzer zusammenfassender Form die Probleme aufgezeigt und die erforderlichen baulichen Maßnahmen angegeben:

Ermittlung des höchsten Hochwassers, Ausbildung des Deiches in Querschnittsform und Bodenaufbau unter besonderer Berücksichtigung der Bergsenkungen, Dichtung des Deiches mit natürlichen Böden und bituminösen Stoffen, Maßnahmen zur Trockenhaltung (Polderung) der Hinterlande u. a.

Diese für den Niederrhein durchgeführten Untersuchungen sind für alle Bachläufe und Ströme weitgehend verwendbar. Das Buch kann für alle Ingenieure, welche Hochwasserschutzdeiche und kleinere Staudämme zu bauen haben, bestens empfohlen werden. J. SCHMIDBAUER

STYCHNOFF, A.

Technisches Russisch, Lehr- und Nachschlagebuch der russischen Sprache auf technischem Gebiet

3. Auflage, Verlag W. Girardet, Essen 1952

Wohl jeder, der sich mit technischen oder wissenschaftlichen Übersetzungen befaßt hat, wird die Lücken empfunden haben, welche die Wörterbücher, selbst die technischen, aufweisen. Oft sind mit peinlicher Genauigkeit alle möglichen nichtssagenden Transskriptionen aufgeführt, die durchaus entbehrlich wären, während wichtige Begriffe fehlen. Andererseits sind auch Übersetzungen bekannt, mit denen selbst ein Fachmann nichts anzufangen weiß, weil die Übersetzung am Kern der Dinge völlig vorbeigegangen ist. Der Grund ist darin zu suchen, daß der Übersetzer den Text nicht verstanden hat und nun „auf gut Glück" etwas zusammengereimt hat, was ihm noch am unverfänglichsten schien. A. STYCHNOFF weist daher mit Recht darauf hin, daß man sich den Sinn der ins Deutsche oder Russische zu übersetzenden Sätze stets völlig klarmachen muß. Dieses Gebot scheint banal, aber die Unzahl der vorhandenen mißratenen Übersetzungen sowie die Diskussion in der Zeitschrift „Fremdsprachen" zeugen davon, daß diese Forderung durchaus aktuell ist.

Das Buch STYCHNOFFS ist für Benutzer gedacht, die mit der russischen Grammatik bereits vertraut sind.

Es besteht aus zwei Teilen. Der erste, aus 9 Kapiteln bestehende Teil (93 Seiten) enthält die Texte (deutsche und russische), die im wesentlichen das Gebiet der Eisen- und Stahlherstellung und -bearbeitung behandeln.

Der Benutzer soll gewissenhaft alle deutschen Texte ins Russische übertragen; diese Aufgabe wird durch zahlreiche Fußnoten (Wörter- und Übersetzungshilfen) ermöglicht. Die russischen Texte sind ins Deutsche zu übertragen.

In dieser Form werden, um nur einige zu nennen, folgende Maschinen, Anlagen und Verfahren behandelt: Drehbank,

Nieten, Werkstoffprüfung, spanlose Formgebung, Schleifen, Schmieden, Roheisenherstellung, Siemens-Martin-Verfahren, Wärmebehandlung, Walzwerk, Fräsen, Schweißen, Automaten und Kalkulation. Das Buch enthält ferner 28 Zeichnungen (Geräte, Diagramme, schematische Darstellungen).

Der Verfasser brachte auch die üblichsten Briefanfänge und -schlüsse des kaufmännischen Verkehrs, eine Tabelle der chemischen Elemente, elektrotechnische Einheiten und Angaben über Lieferungen, Frachtbriefe usw.

Der zweite Teil enthält ein russisch-deutsches und deutsch-russisches Wörterverzeichnis (52 Seiten).

Alles in allem ist es eine sehr gediegene Arbeit, deren Studium auch für den nützlich ist, der nicht unmittelbar oder ständig mit diesem Gebiet zu tun hat.

Etwas befremdlich wirkt, daß peinlichst vermieden wurde, das Wort „sowjetisch" zu gebrauchen; wo wir sagen würden „sowjetische Technik", steht durchweg „neuere russische Technik".

Empfehlenswert wäre auch ein so modischer und geschmackvoller, nicht so konventionell wirkender Einband, wie z. B. bei dem Werk „Technisches Englisch" von H. G. Freeman, das im gleichen Verlag erschienen ist. W. Oe.

Nachrichten und Informationen

„Geologický průzkum", eine neue geologische Monatszeitschrift der ČSR

Ab Januar 1959 erscheint in Prag mit der „Geologický průzkum" (Geologische Erkundung) eine neue geologische Monatszeitschrift. Sie wird von der Staatlichen Geologischen Kommission der ČSR herausgegeben.

„Damit verwirklicht sich", wie es im Leitartikel des 1. Heftes heißt, „ein alter Wunsch aller Geologen und Techniker, die in der geologischen Erkundung der Erz-, Nichterz-, Kohlen- und Öllagerstätten tätig sind, eine eigene Zeitschrift zu besitzen, die ständig die methodischen, technischen und ökonomischen Fragen aller geologischen Zweige behandelt."

In der neuen Zeitschrift sollen vor allem Beiträge über neue bedeutungsvolle Lagerstätten, über deren geologische Erkundung, über die Erkundungsmethoden und über die wirtschaftlichen Voraussetzungen ihrer Nutzung erscheinen. Sie soll des weiteren mit neuen Forschungsergebnissen und Entwicklungsarbeiten bekanntmachen und Vermittlerin beim Erfahrungsaustausch zwischen den einzelnen Forschungsstätten und verschiedenen Fachrichtungen sein. Die Zeitschrift soll ferner zur Entfaltung des sozialistischen Wettbewerbs und zur schnelleren Einführung der neuen fortschrittlichen Technik beitragen.

Alle Zweige der angewandten Geologie, der Lagerstättenerforschung, der Ingenieurgeologie, der Hydrogeologie usw. sollen somit in der „Geologischen Erkundung" mit Beiträgen ständig vertreten sein.

Wie die ersten bisher vorliegenden Hefte unserer Bruderzeitschrift in der ČSR erkennen lassen, wird der geologischen Arbeit in der DDR ein nicht geringer Platz eingeräumt. Das Redaktionskollegium und die Redaktion unserer „Zeitschrift für angewandte Geologie" wird alles daran setzen, um die Verbindung mit der neuen Zeitschrift sehr eng zu gestalten und in einen ständigen Erfahrungsaustausch mit der Redaktion zu treten.

In diesem Sinne wünschen wir der „Geologischen Erkundung" viel Erfolg in ihrer Arbeit. He.

Der große Sprung der chinesischen Wirtschaft

Mit dem großen Sprung beschäftigt sich die „Übersee-Rundschau" Hamburg, Heft 1/Januar 1959. Sie bringt über die schwerindustrielle Produktion Chinas in den Jahren 1957 und 1958, die den großen Sprung deutlich zeigt, folgende Angaben:

Tabelle 1

Jahresproduktion (in 1000 t)	Kohle	Roheisen	Rohstahl
1957: insgesamt	130000	6000	5350
Großbetriebe	94000	5600	5350
Kleinbetriebe	36000	400	–
1958: insgesamt	270000	21000	11000
Großbetriebe	155000	8000	8600
Kleinbetriebe	115000	13000	2400

Zu der Verwendung des Roheisens, das besonders durch die kommunalen Kleinbetriebe erzeugt wird, meint die Zeitschrift: „Da es zunächst einmal gilt, Chinas 120 Millionen Bauernfamilien in den Kollektiven mit dem notwendigsten Ackergerät, Transportmitteln, Bewässerungspumpen und einfachsten Kraftmaschinen auszurüsten, ist der Verwendungsbereich für Gußeisen überaus groß. Hierbei ist zu berücksichtigen, daß nach sachverständigem Urteil die vorindustrielle Eisenhüttentechnik Chinas einen höheren Stand als die im vorindustriellen Europa gehabt hat, so daß auch die technische Fortentwicklung von dieser traditionellen Grundlage aus relativ leicht gelingen dürfte."

Über die Produktivität der staatlichen Schwerindustrie wird am Beispiel des Nutzeffektes mitgeteilt:

„Tabelle 2

	1949	1952	1957	1958 (Nov.)
Eisenproduktion in kg je m³ des Hochofenraumes	616	1023	1320	1482
Stahlproduktion in kg je m² der Stahlofenfläche	2423	4782	7210	8600

Daneben wird auf die ständige Qualitätsverbesserung und reichere Differenzierung der Stähle hingewiesen. Ebenso nimmt die Reichhaltigkeit der angeschlossenen Verarbeitungsbetriebe unablässig zu."

Ähnlich sieht es auf dem Gebiet der Kohlenförderung aus: „Während in örtlicher Regie mehr als hunderttausend kleine Gruben oft mit reinem Handbetrieb und unklassifizierter Produktion eröffnet wurden, hat man auf der anderen Seite in mehr als 100 Staatsgruben die hydraulische Kohlengewinnung eingeführt: Wasserstrahlförderung vor Ort, Schwimmtransport im Stollen, Förderung aus dem Schacht durch Kohle-Wasser-Gemisch-Pumpen. Im Jahre 1959 erwartet man, 15 v. H. der Kohlenproduktion der Staatsgruben mit diesem Verfahren zu bestreiten.

Zweifellos ist China vor anderen Ländern begünstigt durch die ungewöhnliche Streuung nutzbarer Kohlen- und Eisenerzvorkommen. Ohne diese wäre es selbst diesem Lande nicht möglich, mit einem Schlage das Tempo des Ausbaus der Schwerindustrie zu verdoppeln. Die extreme Streuung der Kohlen- und Eisenerzeugung bewirkt, daß die Produktionsverdoppelung nur mit einer relativ mäßigen Mehrbeanspruchung des Transportapparates verbunden ist; und dies ist von größter Bedeutung, da der Transportengpaß in jedem aufstrebenden Entwicklungslande bedrohlich ist und nur mit allergrößtem Kapitaleinsatz aufgebrochen werden kann."

Der Schlußfolgerung der Zeitschrift über das chinesische Planziel für 1959 wird man sich anschließen können.

„Es dürfte nicht ratsam sein, sich dabei zu beruhigen, daß ‚alles nicht so wild' sei und das für 1959 genannte Planziel von 18 Mio t Stahl utopisch oder jedenfalls die Obergrenze des Möglichen sei. Viel wahrscheinlicher ist, daß dieses Planziel von der Wirklichkeit weit übertroffen werden wird." E.

Die Bodenschätze Neuguineas

Zwischen einer amerikanischen-niederländischen Interessengemeinschaft und der holländischen Regierung wurde ein Vertrag zum Aufbau der Nickel-, Kobalt- und Eisenerzlagerstätten auf West-Guinea abgeschlossen. Die holländische Kolonialverwaltung schätzt die Vorkommen auf 100—200 Mio t. Die Qualität der Erze wird als zweitbeste der Welt bezeichnet. Die Konzession des amerikanisch-niederländischen Konsortiums erstreckt sich auch auf die Insel Waigen und andere der Kolonie vorgelagerte Inseln.

Im schwer zugänglichen Gebiet von Puri, 50 km von der Küste entfernt, stieß eine britische Gesellschaft nach 30jährigen Bohrversuchen auf Erdöl. Die Bohrungen, für die bisher 30 Millionen £ ausgegeben wurden und die bereits eingestellt werden sollten, lieferten bei Produktionsbeginn täglich 1000 Barrels Erdöl.

—z—

Erweiterung des Gasfeldes Rheden

Die Bohrung Rheden 17, die 2,4 km östlich der fündigen Sonde Rh 5 angesetzt wurde, ist im Hauptdolomit, der von 2633,5 bis 2676,0 m mächtig ist, gleichfalls fündig geworden. Produktionsversuche zeigten eine Ergiebigkeit, die der der besten Rhedener Sonden entspricht. Der Schließdruck am Bohrlochkopf betrug 285 atü. Das bisher schon ergiebigste und größte westdeutsche Erdgasfeld ist durch den neuen Fund erheblich erweitert worden. E.

Erdgasleitung in der VR Ungarn

Nordostungarn wird jetzt aus Buciumen in Rumänien durch eine 227 Meilen lange Pipeline mit Erdgas versorgt. Nach Fertigstellung des neuen Industriekombinats Tiszapalkonya will die Volksrepublik Ungarn jährlich ca. 200 Mio m^3 Erdgas aus dem Nachbarland beziehen. Das Gas, das gegenwärtig für ein Kraftwerk verwendet wird, soll später in einem Chemiewerk, das 1963 angefahren werden soll, zu synthetischen Erzeugnissen verarbeitet werden. Die Ausrüstungen für das Chemiewerk wurden bereits von der Sowjetunion geliefert. Eine Mineraldüngerfabrik ist ebenfalls im Bau.

—z—

Sowjetische Ölleitungen in die Volksdemokratien

Mit der Projektierung und den ersten vorbereitenden Bauvorhaben für den Bau einer Großraffinerie im Bezirk Frankfurt/Oder ist begonnen worden. Der Rohölexport aus der Sowjetunion in die DDR hat 1958 etwa 1,2 Mio t betragen; er soll im Jahre 1959 ungefähr verdoppelt werden. Etwa 1963 werden dann die 4,8 Mio t Rohöl, die durch die Ferngasleitung aus der Sowjetunion in den Bezirk Frankfurt transportiert werden, greifbar sein. Auch Polen, das 1958 650000 t Rohöl, 310000 t Benzin und 50000 t Dieseltreibstoffe aus der SU eingeführt hatte, wird Rohöl aus dieser nördlichen Ferngasleitung erhalten.

Ungarn bezog im letzten Jahre 950000 t Rohöl und etwa 60000 t Heizöl. Es soll ebenso wie die CSR, die 1958 1,8 Mio t Rohöl importierte, durch Fernleitungen aus der Sowjetunion versorgt werden. Hierzu wird eine Fernleitung aus der UdSSR über die Karpaten verlegt werden, die durch die Slowakei verlaufen und in Ungarn enden wird. Die Wirtschaftsexperten haben errechnet, daß die hohen Baukosten dieser Rohölfernleitung tragbar sind, weil der Eisenbahntransport dieser großen Mengen von Rohöl auf die Dauer mindestens den zehnfachen Betrag erfordern würde. Spätestens 1962 soll das sowjetische Rohöl durch die Rohrleitung über die Karpaten bis nach Bratislava fließen. Die CSR wird 1965 5,5 Mio und 1975 11,5 Mio t Rohöl aus der UdSSR erhalten.

In der slowakischen Hauptstadt wird die bereits bestehende „Slovnaft"-Raffinerie zur größten Krackanlage der Volksdemokratien ausgebaut, die Schmieröl, Heizöl, Benzin und Dieselkraftstoff liefern wird. Man plant, in der CSR die unrationellen Dampflokomotiven durch Dieseltriebwagen abzulösen und eine durch schweres Heizöl zu versorgende Leichtindustrie in den ländlichen Bezirken aufzubauen.

In den Revieren der Moravska Ostrava und für Prag soll die Erschließung von Erdgasvorkommen die Energielücke füllen helfen. Der in Kralupeg entstehende Großbetrieb für synthetische Kautschukerzeugung wird auf der Basis von Raffineriegasen arbeiten. Die Wirtschaftsplaner der ČSR berücksichtigen den Strukturwandel der modernen Energiewirtschaft, in der schweres Heizöl der Kohle überlegen ist.

E.

Erdölbedarf Westdeutschlands

Der Inlandverbrauch an Erdöl soll 1961 in Westdeutschland 24 bis 25 Millionen t betragen, davon werden rund 12 Millionen t Heizöl sein. Der Anteil des Erdöls an der Deckung des westdeutschen Energiebedarfs, der 1955 10% betrug, soll 1965 17% und 1975 23% betragen. Um dem steigenden Bedarf an Mineralölen gerecht zu werden, wurden bereits jetzt eine Reihe von Industrieanlagen geplant. Ende 1958 wurde in Hamburg eine neue Raffinerie der Shell AG in Betrieb genommen. Mit dieser Anlage ist der Shell-Konzern in Westdeutschland zu einem der größten Mineralölproduzenten aufgerückt, während er bisher den größten Teil seiner Fertigprodukte importierte. Die neue Raffinerie besitzt u. a. 200 Tanks mit einem Fassungsvermögen von rund 600000 cbm, eine katalytische Crackanlage für 550000 t, eine Polymerisationsanlage für 20000 t und eine Schwefelrückgewinnungsanlage für 15000 t. Zur Versorgung der Raffinerie mit Rohöl wurde ein neues Hafenbecken angelegt, in dem zwei Supertanker künftig gleichzeitig ihre Ladung zu beiden Seiten der insgesamt 240 m langen Löschbrücke in die Öltanks pumpen können.

—ul—

Erdölförderung in Westdeutschland

Die westdeutschen Erdölgesellschaften haben 1958 mit etwa 4,43 Mio t mehr Rohöl produziert als allgemein erwartet wurde. Der westdeutsche Wirtschaftsverband Erdölgewinnung hat daher für die nächsten Jahre folgende neue Vorausschätzung veröffentlicht:

Westdeutsche Erdölförderung (in Mio t)

	1958	1959	1961	1963
	gefördert		Schätzungen	
Holstein-Hamburg	0,45	0,43	0,38	0,33
Emsland	1,28	1,34	1,28	1,24
Weser-Ems	0,95	1,08	1,12	1,04
Hannover	1,54	1,73	1,63	1,44
Oberrheintal	0,15	0,18	0,16	0,14
Alpenvorland	0,06	0,12	0,12	0,08
aus Neuaufschlüssen	–	0,13	0,56	1,30
Gesamtförderung	4,43	5,01	5,25	5,57

—z—

Erdölversuchsbohrungen im Landkreis Holzminden

Eine hannoversche Bohrfirma hat Mitte Februar dieses Jahres wieder mit Versuchsbohrungen nach Erdöl im Landkreis Holzminden begonnen. Die Bohrung, die östlich von Bad Pyrmont auf der rund 300 m hohen Ottensteiner Hochebene angesetzt wurde, soll die seit 1954 durchgeführten Versuchsbohrungen in diesem Gebiet fortsetzen.

—z—

Standard Oil setzt sich in der Sahara fest

Im Januar wurde nun doch der Saharavertrag zwischen der „Standard Oil of New Jersey" und der „Compagnie française des Petroles" sowie der „Petrobar" abgeschlossen. Trotz intensiver Bemühungen, die Aktienmehrheit zu erhalten, mußte sich die Standard Oil mit einem Anteil von 50% begnügen. Bc

Erdölvorkommen in der Türkei

Eine amerikanische Erdölgesellschaft hat im Südosten und Westen der Türkei weitere Erdölkonzessionen erworben, so daß dieser Konzern jetzt über ein Gebiet von rund 1 Mio. Acres verfügt. Die Bezirke in der Südosttürkei umfassen die Garzan- und Raman-Ölfelder, die zur Zeit als die wichtigsten Vorkommen der Türkei anzusehen sind. sch

Türkische Erdölpläne

Durch den Bau einer Pipeline von rund 1600 km Länge zur türkischen Mittelmeerküste will der Iran mit seinem Öltransport arabisches Gebiet meiden. Ein entsprechender Vertrag wurde zwischen der Türkei und dem Iran abgeschlossen. Am Endpunkt der Pipeline soll eine türkische Raffinerie erbaut werden.

Die Türkei ist seit Jahren um eine eigene Erdölförderung bemüht. Zur Zeit kann sie aber nur etwa 6,5% ihres Bedarfs decken. Nach den bisherigen geologischen Untersuchungsergebnissen sollen die Zukunftsaussichten günstig sein, vor allem auch deshalb, weil bei dem gegenwärtigen Mitwirken von 21 ausländischen Gesellschaften das Haupthindernis systematischer Erkundung, Kapitalmangel, überwunden sein soll. Nach dem türkischen Petroleumgesetz von 1954 gibt es an Erdöl kein privates Eigentum, und die Untersuchungen der privaten in- und ausländischen Gesellschaften unterliegen der Kontrolle durch die Petroleum-Administration. ek

Subrezentes Erdöl in Venezuela

Im Gebiet des Orinoco-Deltas (Venezuela) wurde durch die Esso-Organisation „junges" Erdöl entdeckt. Das Vorkommen wird gegenwärtig durch Bohrungen und mit Hilfe eines transportablen Laboratoriums untersucht. Das Erdöl soll nach Auffassung der Wissenschaftler der Organisation 5000 bis 10000 Jahre alt sein. Man kann hier also von subrezentem bzw. rezentem Erdöl sprechen. ek

Erdöl in Argentinien

Der SHELL-Konzern hat eine Konzession für die Erschließung eines Gebietes von 11500 Quadratmeilen im Bezirk Rio Negro in der Nähe von Bahia Blanca südwestlich von Buenos Aires erhalten. Die Standard Oil Co. of New Jersey wird Erdölbohrungen in einem Gebiet von 4800 Quadratkilometern in der Provinz Neuquen vornehmen und anschließend die Erschließung der erdölfündigen Zone mit einer Mindestinvestition von 23 Mill. Dollar übernehmen. Die Gesellschaft hat sich ferner verpflichtet, eine Pipeline zu bauen.

Von seiten der argentinischen Regierung wird damit gerechnet, daß bis 1964 zwischen 8,5 bis 8,8 Mio t pro Jahr zusätzlich gefördert werden. Hierdurch würde die gegenwärtige Produktion von rd. 5,5 Mio t auf 14 bzw. 14,3 Mio t ansteigen, was der Höhe des für 1959 geschätzten Jahresverbrauchs entsprechen würde. E.

Argentinische Petrolchemie

Eine amerikanische Gesellschaft hat Argentinien vorgeschlagen, mit einem Kostenaufwand von 55 Mio $ in San Lorenzo (Provinz Santa Fè) eine Petrolchemieanlage zu errichten.

Bc

Brasilianisches Erdöl

Die brasilianische Erdölförderung ist nach einem Bericht der staatlichen Erdölgesellschaft „Petrobras“ seit 1954 in stürmischer Aufwärtsentwicklung begriffen. Betrug die Förderung 1954 nur 0,9 Mio barrels, so stieg sie bis zum Jahre 1957 bereits auf über 10 Mio. Für 1959 ist eine Förderung von 45 Mio barrels vorgesehen. Das Rohöl wird gegenwärtig fast ausschließlich im Gebiet von Bahia gefördert. Durch Erdölerkundungsarbeiten wurden vier weitere Gebiete nachgewiesen, die noch erschlossen werden sollen. Bc

Erdölkonferenz der arabischen Länder

Aus Bagdad wurde bekannt, daß die erdölproduzierenden arabischen Länder grundsätzlich übereingekommen sind, auf einer einheitlichen Grundlage mit den Erdölkonzessionsgesellschaften über einen erweiterten Gewinnanteil an dem Erdölgeschäft zu verhandeln. Die arabischen Regierungen vertreten die Ansicht, daß die 50%ige Beteiligung am Produktionsgewinn nicht mehr als gerechter Anteil angesehen werden kann. Die arabischen Länder werden in Zukunft auch eine Beteiligung am Erdöltransport, an der Raffinierung und am Verkauf anstreben. Später soll eine Beteiligung an der industriellen Verarbeitung des Erdöls erreicht werden. Die arabischen Regierungen sind auch der Auffassung, daß es für sie vorteilhafter ist, eine etwas niedrigere Gewinnbeteiligung — etwa 56 zu 44 oder 60 zu 40% — an den vier Phasen des Erdölgeschäftes zu erhalten, als die 75%ige Beteiligung ausschließlich an der Produktion, die die italienischen Gesellschaften in den arabischen Ländern eingeführt haben. —z—

Erdöl in Marokko

Die marokkanische Regierung hat mit dem Präsidenten der Italian Ente Nationale Idrocarburi Group, E. Mattei, ein Abkommen unterzeichnet, das den Bau einer marokkanischen Erdöl-Raffinerie mit einer Kapazität von 1,2 Mio t im Jahr vorsieht. Da die marokkanische Konsumtion von Erdölprodukten nur etwa 700000 t jährlich beträgt, soll der Überschuß der Raffinerie exportiert werden. Das Abkommen sieht vor, daß den Bau der Ölraffinerie eine italienisch-marokkanische Gesellschaft, die den Namen „Pamir“ erhalten soll, übernehmen wird. Mit der Leitung der Gesellschaft soll ein Marokkaner betraut werden. —t—

Neue Erdölanleihe in Israel

Die halbstaatliche israelitische National Oil Company hat Anfang dieses Jahres eine neue Anleihe im Werte von 6 Mio Dollar aufgelegt, um Mittel für umfangreiche Ölbohrungen flüssig zu machen. Die geplanten Erkundungsarbeiten sollen sich von Galiläa im Norden Israels über das Gebiet am Toten Meer bis zur Negev-Wüste im Süden des Landes erstrecken.

—h—

Die Vorräte der UdSSR an Stein- und Braunkohle

„Statistische Informationen“, Europäische Gemeinschaft für Kohle und Stahl, Nr. 6/1958, Januar 1959, Luxemburg

In der ausführlichen Veröffentlichung wird versucht, eine Übersicht über die gewaltigen Kohlenvorräte der Sowjetunion zu geben. Wir zitieren aus dieser Publikation der Montan-Union:

„Auf Grund der durchgeführten Erhebungen werden die gesamten geologisch abbauwürdigen Kohlenvorräte der UdSSR jetzt auf 8670 Mrd. t geschätzt. Davon machen die sicheren und wahrscheinlichen Vorräte 1183 Mrd. t oder 13,67% aus. Damit dürfte die Sowjetunion die größten Kohlenlagerstätten der Welt aufweisen.

Die starke Zunahme in den Angaben der UdSSR über ihre Kohlenvorräte in den letzten Jahren ist die Folge umfangreicher Schürfarbeiten und wissenschaftlicher Forschungen, die in den vergangenen 20 Jahren durchgeführt wurden; sie haben es ermöglicht, neue reiche Kohlenvorkommen zu entdecken. Die Erhöhung der Ansätze für die Kohlenvorräte der UdSSR ist das Ergebnis sowohl von Untersuchungen in den alten Förderungsgebieten, insbesondere im Donezrevier, im Revier Kusnezk u. a., als auch der Neueinschätzung früher bereits bekannter, aber noch nicht erforschter Reviere sowie der in den letzten 20 Jahren entdeckten Kohlengebiete und Lagerstätten.“

Zu den am wenigsten untersuchten Revieren gehören so große Gebiete wie die Reviere Lena, Tunguska und Taimyr und andere noch nicht erschlossene Gebiete, deren Reserven hauptsächlich als „mögliche Vorräte“ eingeschätzt wurden.

In der Tabelle bringen wir die mitgeteilten Gesamtvorräte nach Teufenstufen:

Tabelle

	bis 300 m	300 bis 600 m	600 bis 1200 m	1200 bis 1800 m	Insgesamt:
Gesamtvorräte in Milliarden t	2351	1780	2838	1700	8669
desgl. in %	27,15	20,58	32,65	19,62	100

E.

Kohlenflöze des Oberkarbons an der Nordseeküste

Die nach letzten Meldungen bereits ca. 4000 m tiefe Aufschlußbohrung Groothusen Z 1, etwa 12 km nordwestlich der Stadt Emden gelegen, durchteufte das Salz des Zechsteins und erreichte in über 3000 m Tiefe das Präsalinar. Unter dem Rotliegenden wurden im Oberkarbon mehrere Kohlenflöze festgestellt. Die Bohrung soll noch weiter vertieft werden.

Die Ergebnisse der Tiefbohrung Groothusen sind zweifellos von großer Bedeutung für die Erweiterung der Erkenntnisse über den tieferen Untergrund Nordwestdeutschlands. Mit dieser Bohrung ist die Fortsetzung des kohleführenden Ruhr-Karbons unter der norddeutschen Tiefebene über Ibbenbüren direkt bis an die Nordseeküste nachgewiesen. Es ist nicht anzunehmen, daß mit Groothusen zufällig die nördlichsten oberkarbonischen Kohlenvorkommen in Nordwestdeutschland bzw. unter dem Boden der Nordsee aufgefunden wurden.

Groothusen liegt auf der gleichen Höhe wie die großen paralischen Kohlenbecken der Britischen Inseln westlich der Humber-Mündung und im Raume zwischen Manchester und Birmingham. Es kann vermutet werden, daß sich nördlich des sog. Brabanter Massivs (die Streichrichtung der holländischen Kohlenreviere läßt ebenfalls darauf schließen!) karbonische Kohlenflöze von der deutschen Nordseeküste bis zu den Britischen Inseln hinzogen, welche lediglich durch postvariskische Absenkungen im Gebiete der Nordsee heute sehr tief liegen.

Auf alle Fälle kann der Karte der kohleführenden Becken Nordwesteuropas, wie wir sie von van Waterschoot kennen (s. Abb.), ein neuer bewiesener Fundort oberkarbonischer Kohlen, nämlich Groothusen, eingefügt werden.

Wenn man das Gebiet zwischen dem Ruhrrevier über Ibbenbüren bis Groothusen nunmehr als „sicheres“ kohleführendes Becken in die Karte van Waterschoots ein-

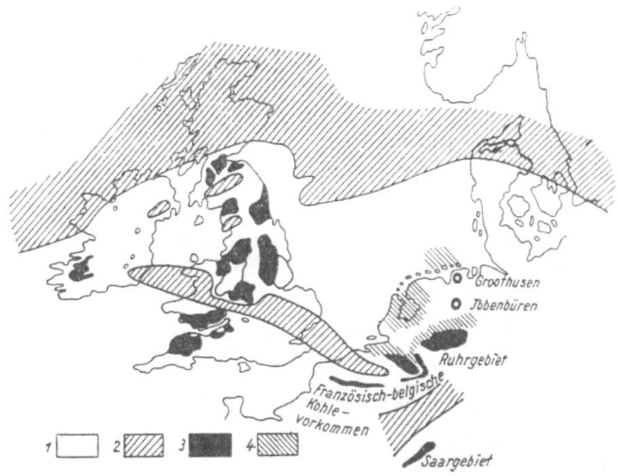

Karte der nordwesteuropäischen Kohlenfelder (nach VAN WATERSCHOOT, ergänzt durch die Bohrung Groothusen)

1 – Paralische Gebiete, 2 – Kontinentalgebiete bzw. Massive (Midlands, Brabant usw.), 3 – Erschlossene und bekannte Kohlenfelder, 4 – Ihre vermutete Fortsetzung in der Tiefe

tragen kann, dann ist es nicht allzu hypothetisch, darüber hinaus noch vermutete kohleführende Becken im Gebiet der südlichen Nordsee nördlich und nordwestlich des Jadebusens anzunehmen. Sie könnten eventuell vor ihrer Absenkung in Verbindung mit den paralischen kohleführenden Becken der Britischen Inseln gestanden haben. He.

Braunkohlenvorkommen in Angola

In der Nähe von Luso in Angola (Westafrika) wird jetzt ein großes Braunkohlenvorkommen erschlossen. Die Lizenz erhielt ein protugiesisch-westdeutscher Konzern. Das Vorkommen wird auf über 30 Mio t Braunkohlen geschätzt. Man rechnet damit, daß das gesamte Braunkohlenvorkommen der portugiesischen Kolonie bedeutend größer ist. —t—

Die Stahlproduktion der USA

1958 sank die amerikanische Stahlproduktion von 112714990 t im Jahre 1957 auf 85257360 t. Das war der niedrigste Produktionsstand seit 1949. Die Kapazität der Stahlwerke in den USA war im IV. Quartal 1958 nur zu durchschnittlich 70% ausgelastet. sch

Modernisierungsbestrebungen in der amerikanischen Stahlindustrie

Ende 1958 betrug die Jahreskapazität der Stahlindustrie etwa 145,5 Mio sh t. Dagegen erreichte die tatsächliche Erzeugung des Jahres 1958 nur 85,26 Mio sh t. Es ist daher z. Zt. keine Neigung vorhanden, neue Hochöfen oder Stahlöfen zu bauen. Dagegen wächst die Verwendung von Erzkonzentraten an Stelle von unaufbereiteten Erzen. Man bevorzugt Konzentrate, die 62—65% Fe enthalten. Da die Verwendung von gesintertem Erz den Ausstoß eines Hochofens um 8—10% vergrößert, werden viele neue Sinteranlagen gebaut.

Zwischen den Stahlwerken und chemischen Unternehmungen wurden zahlreiche Verträge zum Bau von Sauerstoffanlagen in den Stahlwerken abgeschlossen. Allein die LINDE CO. wird in Ohio, California und Pennsylvania 11 Sauerstoffanlagen in Stahlwerken errichten. In einem Werk der USA-STEEL CORP. in Pennsylvania wird eine so große Sauerstoffanlage gebaut, daß von dort aus durch Rohrleitungen 4 verschiedene Stahlwerke mit Sauerstoff versorgt werden können.

In der direkten Reduktion von Erz zu Stahl hat man Fortschritte gemacht. In Mexiko wurde der HYL-Prozeß entwickelt, der Erdgas als Energiequelle benutzt und bei dem das Erz direkt zu Eisenschwamm reduziert wird. E.

Neues Stahlwerk/Holland

Der westdeutsche Konzern Friedrich Krupp in Essen hat der holländischen Regierung ein Vorprojekt für ein Hüttenwerk, das für eine Jahreskapazität von zunächst 300000 t Rohstahl errichtet werden soll, übergeben. Die Kosten werden auf rund 400 Mill. hfl. geschätzt. Es ist geplant, daß die neue Anlage später eine Kapazität von 1 bis 3 Mio t erhalten soll. —z—

Österreichs Bergbau 1958

Der österreichische Erzbergbau förderte 1958 folgende Erzmengen (in t)

	1958	1957
Eisenerz	3410400	3495924
Bleizinkerz	187900	182721
Kupfererz	166030	165080
Wolframerz	5820	6203
Antimonerz	11216	11016
Bauxit	25027	22320
Magnesit (roh)	1221300	1172604
Graphit	21154	18924
Schwerspat	4277	3540

Der Produktionsrückgang in der Hüttenindustrie zwang zur Verringerung des Eisenerzabbaus am Steirischen Erzberg. Die erst vor zwei Jahren begonnene Förderung von Wolframerz geriet 1958 wegen des Preisverfalls auf dem Weltmarkt in eine kritische Lage, hat sich inzwischen aber wieder erholt. Die Erhöhung der Graphitproduktion ist vor allem dem steigenden Absatz von Flotations- und Elektrodengraphit nach Westdeutschland zu danken.

Österreichs Rohölförderung verringerte sich im Vorjahr gegenüber 1957 um 10%, von 3185598 t auf 2836396 t.

Ds.

Eisenerz und Stahl in Indien

Wie aus einem Bericht der Wirtschaftskommission für Asien und Fernost der Vereinten Nationen hervorgeht, besitzt Indien 21 Milliarden t hochwertigen Eisenerzes mit einem Eisengehalt von mehr als 65%. Damit verfügt das Land über ein Viertel der Eisenerzvorräte der Welt. Anfang des Jahres hat die indische Regierung eine neue Gesellschaft gegründet, die die Bodenschätze des Landes außer Erdöl, Erdgas und Kohle erschließen soll. Die Gesellschaft verfügte bei ihrer Gründung über ein Anfangskapital von 150 Mill. Rupien. Als erstes Projekt sollen die Erzvorkommen in Kiriburu abgebaut werden.

Die mit sowjetischer Hilfe erbauten Stahlwerke von Bhilai wurden Anfang Februar angefahren. Ein weiteres Stahlwerk soll Ende des Jahres in Durgapur (Westbengalen) in Betrieb genommen werden. Weitere indische Hochöfen wurden in Hamshedpur in Nordostindien im April ihrer Bestimmung übergeben. Das Werk, das von westdeutschen Firmen errichtet wurde, trägt den Charakter einer Versuchsanlage, mit deren Hilfe im Niederschachtofen mit Braunkohle Roheisen erzeugt werden soll. Sollten die Versuche erfolgreich verlaufen, wäre dem Aufbau einer Stahlindustrie in Südindien der Weg geebnet. —sch—

UdSSR und der Internationale Zinnrat

Der Internationale Zinnrat hat folgendes Kommuniqué herausgegeben:

„Zwischen dem Leiter der Handelsdelegation der UdSSR in Großbritannien und dem Vorsitzenden des Internationalen Zinnrats wurde ein Übereinkommen über die Zinnexporte aus der UdSSR im Jahre 1959 erreicht. Die UdSSR ist nicht Mitglied des Internationalen Zinnabkommens und ist infolgedessen nicht verpflichtet, irgendwelche Verbindlichkeiten in bezug auf den Zinnhandel einzugehen.

Nichtsdestoweniger ist die UdSSR den Wünschen der Export- und Import-Länder nachgekommen, ihre Zinnexporte außerhalb der sozialistischen Länder im Jahre 1959 im Vergleich zu den Exporten vom Jahre 1958 einzuschränken. Die Antwort, die dem Rat zugeleitet wurde, lautet, daß es die Absicht der sowjetischen Außenhandelsorganisationen ist, die Menge von 13500 long tons als die Grenze für derartige Exporte zu berücksichtigen. Der Leiter der Handelsdelegation der UdSSR in Großbritannien und der Vorsitzende des Internationalen Zinnrats werden im Hinblick auf die Zusammenarbeit zwischen der UdSSR und dem Rat engen Kontakt aufrechterhalten, um Fragen zu lösen, die sich im Zusammenhang mit diesem Übereinkommen ergeben können."

Als Folge dieser Abmachung haben die Niederlande am 22. Januar 1959 mit sofortiger Wirkung die Einfuhrbeschränkungen für Sowjetzinn, die im vorigen Jahr erlassen wurden, aufgehoben. Der niederländische Wirtschaftsminister begründete diesen Beschluß damit, daß im Prinzip zwischen dem Internationalen Zinnrat und der UdSSR über die sowjetischen Zinnausfuhren im Jahre 1959 eine Einigung erzielt worden sei. E.

Aluminium/Kanada

Die Aluminium Company of Kanada will ihre Rohaluminiumgewinnung 1959 um weitere 10% einschränken. Die Jahresproduktion dieses Konzerns wird sich damit von bisher 560000 auf 500000 short tons verringern. Bereits Ende Juli 1958 hatte die Gesellschaft, die gegenwärtig über eine Rohaluminium-Kapazität von 770000 short tons verfügt, ihre jährliche Produktion von 620000 auf 560000 short tons gekürzt. Wie die Konzernleitung mitteilt, stehen ihr gegenwärtig Aluminiumvorräte für mehrere Monate zur Verfügung. Außerdem kündigt sie weitere Kürzungen der Produktion für das laufende Jahr an. —sch—

Bauxit in der Sowjetunion

Anfang des Jahres meldete die Agentur TASS, daß die sowjetische Wirtschaft über „praktisch unbegrenzte" Mengen von Bauxit verfügt, nachdem östlich des Kaspischen Meeres in Westkasachstan ungewöhnlich reiche Bauxitlagerstätten entdeckt wurden. Schon vor ihrer Entdeckung hatte die Sowjetunion die größten Bauxitvorräte der Welt besessen. TASS gab ferner bekannt, daß bis 1965 die Aluminium-Produktion verzehnfacht würde. Zu diesem Zweck steht ein elektrolytisches Kombinat am Jenissei vor der Vollendung. E.

Gold- und Diamantengewinnung in Ghana

Die Republik Ghana hatte im Jahre 1957/58 rund 800000 Feinunzen Gold gefördert, deren Wert mit 9880000 £ ermittelt wurde. Damit lag die Goldgewinnung höher als in den Jahren nach 1945. 1460000 Karat Diamanten im Werte von über 9 Mill. £ konnten im Vorjahre exportiert werden. Diese Menge wurde lediglich einmal in der Geschichte Ghanas in den Jahren 1943/44 überboten. An den Gewinnen der Gold- und Diamantenförderung sind fast ausschließlich englische Gesellschaften beteiligt. —sch—

Indischer Düngemittelbedarf

Das indische Landwirtschaftsministerium schätzt den Düngemittelbedarf des Landes für das Jahr 1960/61 auf 2,5 Mio t Stickstoffdüngemittel und 75000 t Kalidüngemittel. Im Jahr 1965/66 rechnet man mit einem Verbrauch von 5 Mio t Stickstoffdünger, 3 Mio t Phosphordünger und 0,25 Mio t Kalidünger. E.

Stickstoffdüngemittel

Produktion und Verbrauch von Stickstoff für Landwirtschaft und Industrie in den Jahren 1957/58 und 1958/59 wurden Anfang dieses Jahres in London wie folgt geschätzt:

	in 1000 metr. t			
	1957/58		1958/59	
	Produktion	Verbrauch	Produktion	Verbrauch
Europa und Ägypten .	4691	3977	5181	4169
USA	2950	2950	3100	3100
Kanada	575	405	655	431
Asien . . .	1281	1719	1420	1813
andere Länder . . .	94	315	96	344
Insgesamt . .	9591	9366	10452	9857

Die Zahlen enthalten keine Angaben über Produktion und Verbrauch in der UdSSR. E.

Eisenschwamm-Verfahren

Zum Eisenschwamm-Hyl-Verfahren, von dem in Monerrey/Mexiko eine Anlage zur Erzeugung von 200 tato Eisenschwamm durch Reduzierung von Eisenerz mit Hilfe eines durch Entschwefelung und Reformierung von Erdgas gewonnenen Reduktionsgases arbeitet, sind nach „Erdöl und Kohle" 12/1958, S. 915, u. a. folgende weitere Einzelheiten bekannt:

„Die Reduzierung des Eisenerzes, das einen Fe-Gehalt von 66,6% hat und in Stückgrößen von 6—37 mm eingesetzt wird, erfolgt in 5 chargenweise beschickten Ofeneinheiten von je 13,5 t Fassungsvermögen. Für die Reduzierung von 1 t Eisenerz werden rd. 594 m^3 Erdgas benötigt. Der Eisenschwamm hat einen Fe-Gehalt von 90% (met. Fe 86%) und einen C-Gehalt von 0,62%, der ggf. bis auf 2% erhöht werden kann."

Die günstigen Ergebnisse der 200 tato-Anlage führten dazu, daß eine zweite Anlage mit 500 tato Eisenschwamm-Ausbringen gebaut wird. Auch in den USA werden zwei Werke gleicher Art errichtet. E.

Kunststoff bei Pipelines

In den Vereinigten Staaten wurde für Ölfelder und chemische Betriebe ein kombiniertes Stahl-Kunststoffrohr entwickelt, das als „Jal-Jacket PVC Pipe" bezeichnet wird.

Die Rohre werden in Längen von 6 m gefertigt, bestehen innen aus einer Lage von starrem PVC und außen aus einer Lage elektrisch geschweißtem Kohlenstoffstahl. Mit Hilfe geeigneter Kupplungen können sie untereinander oder mit gewöhnlichen Stahlrohren bzw. mit üblichen Fittings verbunden werden. Die Rohre halten Betriebsdrücken bis zu 70 atü und Temperaturen bis 65° C stand. Das Gewicht eines Rohres mit 103 mm Innendurchmesser beträgt rund 9,2 kg/m. Bc

Plastischer Stahl

In den USA wurde ein plastischer Stahl entwickelt, der aus 80% fein pulverisiertem Stahl und 20% Epoxydharzen besteht. Diese „Legierung" dient u. a. zur Befestigung von Stahlplatten an Holzschwellen bei Eisenbahngleisen, zur Reparatur von Öltanks und ähnlichen Vorratsbehältern. —ul—

Erstes Bohrgerät Frankreichs

Das erste in Frankreich hergestellte Bohrgerät „Super 7—11", das jetzt in Serienproduktion hergestellt wird, soll Bohrtiefen bis zu 4200 m erreichen und unter allen Witterungs- und Klimabedingungen arbeiten können. Das Gerät hat ein Gesamtgewicht von 500 t. Es wird beabsichtigt, das neue Bohrgerät in erster Linie in der Sahara einzusetzen. —x—

Entwässerung der Pripjet-Sümpfe

In den nächsten sieben Jahren sollen 4,8 Millionen ha Sumpfland der Pripjet-Sümpfe im europäischen Teil der Sowjetunion trockengelegt werden. Für die Entwässerung sind Kanäle mit einer Gesamtlänge von 25000 km vorgesehen. —z—

Ein Tunnel durch den Montblanc

Nach langjährigen Verhandlungen zwischen Frankreich, Italien und der Schweiz wurde im Herbst 1958 mit dem Bau des 11,6 km langen Straßentunnels durch das Montblancmassiv von italienischer Seite aus begonnen. Der Eingang zum Tunnel erfolgt auf französischer Seite oberhalb Chamonix in 1274 m Höhe; der Ausgang auf italienischer Seite liegt am Fuße des Frètyberges nahe des Brenvagletschers in 1380 m Höhe. Der Tunnel wird ungefähr 8 m breit werden bei einer Höhe von 6 m. Außerdem ist noch ein Kanal von 2—3 m Breite für den Abfluß der auftretenden Wassermengen und die Verlegung technischer Einrichtungen vorgesehen. Eine der vordringlichsten Aufgaben im Tunnelbau ist die Belüftung. Bei einer vorgesehenen Luftzufuhr von rund 300 m^3/-sec wird am Montblanc-Tunnel ein täglicher Durchgang in beiden Richtungen von 2000 Personenkraftwagen, 250 Lastkraftwagen und 500 Motorrädern möglich sein.

Bei der geologischen Erkundung für dieses Projekt sind in einem Profil von Süd—Nord durch das Montblancmassiv parallel der Tunnelachse zunächst kristalline Kalke vorhanden, es folgt dann eine ungefähr 6 km mächtige Granitmasse, und auf den letzten Kilometern bis zum Tunnelausgang auf französischer Seite sind kristalline Schiefer und Gneise aufgeschlossen. Dank der hohen Härte und Festigkeit dieser Gesteine braucht der Tunnel nur zum Teil ausgemauert zu werden.

Die Baukosten für das Tunnelprojekt werden etwa 100 Mill. Schweizer Franken betragen. Man rechnet, daß der Tunnel im Frühjahr 1961 eröffnet werden kann, damit wird dann eine Hauptstraßenverbindung zwischen Paris—Genf—Rom möglich sein. —Schu—

Wasser im Wüstensand

Usbekische Wissenschaftler haben in den Wüstengebieten der Karakalpakistanischen autonomen Sowjetrepublik entdeckt, daß das unterirdische Quellwasser in der Wüste auf die Kondensierung atmosphärischer Feuchtigkeit zurückzuführen ist. Ihre Untersuchung führte zur Gewinnung von Trink- und Brauchwasser in der Wüste. Sie errechneten dabei, daß sich auf 1 m^2 16 Liter Wasser je Jahr bilden können. —sch—

In den nächsten Heften

der

Zeitschrift
für angewandte Geologie

erscheinen u. a. folgende Beiträge:

W. I. SMIRNOW: Über regenerierte Erzlagerstätten

O. OELSNER: Zur Frage der sekundär-hydrothermalen und regenerierten Lagerstätten im Sinne SCHNEIDERHÖHNS

C. VARČEK: Zum Problem der regenerierten Lagerstätten in den Westkarpaten

H. RADTKE: Die „Schwebenden" im Bereich der Marienberger Gneiskuppel

H. BARTZSCH: Über die Anwendungsmöglichkeiten der Funkortung unter Tage

W. JUNG: Die Basispartien des Mittleren Buntsandsteins im Bereich der Meßtischblätter Allstedt, Artern, Sangerhausen und Ziegelroda

M. SPELTER: Bemerkungen zu den hydrogeologischen Verhältnissen im Raum Borna

K. KAUTER: Aktualismus — eine unewige Wahrheit der Geologie

L. A. POLSTER & R. S. BESBORODOW: Über die Methodik der systematischen Gestaltung der Unterlagen für paläogeographische Karten

H. REH: Geologische Auswertung der Erkundungsergebnisse für die mineralische Rohstoffbasis der Sodafabrik Buchenau (Werra)

K. DETTE: Tonvorkommen in Nordalbanien

H. PFEIFFER: Der Oertelsbruch bei Lehesten, eine lagerstättenkundliche Studie

R. KRAJEWSKI: Über die Untersuchungen der Variationskoeffizienten polnischer Erzlagerstätten

F. WEGERT: Zu den Erdölressourcen der UdSSR

A. DABROWSKI: Der Bau des tieferen Untergrundes Westpolens im Lichte der geophysikalischen Untersuchungsergebnisse

A. GIESSLER: Wasser und Erdölprospektierung

MALYSCHEW: Diskussionsbeiträge vom I. Internationalen Kolloquium über Fragen der Vorratsklassifikation — Zur Klassifikation der Lagerstättenvorräte

F. I. WOLFSON & L. I. LUKIN: Strukturelle und lithologiscbe Kriterien für das Aufsuchen verborgener Erzkörper hydrothermaler Lagerstätten

H. REH: Einige Bemerkungen zur Entstehung der Thüringer saxonischen Lagerstätten

J. S. TAMOIKIN: Slips — ein Fanggerät für Bohrgestänge bei der Beseitigung von Havarien

W. S. FJODOROW: Über die Pyrolyse von Erdöl- und Gasfraktionen

D. P. MALJUGA: Die Anwendung der biogeochemischen Methode beim Aufsuchen und bei der Erkundung von Kupfer-Molybdänerzen

G. SAGER: Landgewinnungsarbeiten der Holländer in Gegenwart und Zukunft

Bisher erschienene oder in Vorbereitung befindliche

Beihefte zur Zeitschrift GEOLOGIE

Heft 19: Dr. RUDOLF DABER
Parallelisierung der Flöze des Zwickauer und des Lugau-Oelsnitzer Steinkohlenreviers auf Grund paläobotanischer Untersuchungen
1957. 64 Seiten – 11 Abbildungen – 5 Bildtafeln, 2 Einschlagtafeln – 17 × 24 cm – DM 9,80

Heft 20: Dr. ULRICH JUX & Dr. HANS D. PFLUG
Über Aufbau und Altersgliederung des Rheinischen Braunkohlenbeckens
1958. 48 Seiten – 11 Abbildungen – 17 × 24 cm – DM 8,20

Heft 21/22: Dr. WINFRIED KRUTZSCH
Mikropaläontologische (sporenpaläontologische) Untersuchungen in der Braunkohle des Geiseltales — in Vorbereitung

Heft 23: Dr. HANS HETZER
Feinstratigraphie, Sedimentationsverhältnisse und Paläogeographie des höheren Ordoviciums am Südostrand des Schwarzburger Sattels
1958. 96 Seiten – 10 Abbildungen – 11 Tafeln – 17 × 24 cm – DM 9,80

Heft 24: Dr. WOLFGANG JUNG
Zur Feinstratigraphie der Werraanhydrite (Zechstein 1) im Bereich der Sangerhäuser und Mansfelder Mulde
1958. 88 Seiten – 10 Abbildungen – 13 Tafeln – 17 × 24 cm – DM 9,80

Heft 25: Prof. Dr. EHRHARD VOIGT
Revision der von F. v. Hagenow 1839—1850 aus der Schreibkreide von Rügen veröffentlichten Bryozoen — in Vorbereitung

Heft 26: Dr. RUDOLF DABER
Die Mittel-Visé-Flora der Tiefbohrungen von Doberlug-Kirchhain — in Vorbereitung

Bestellungen einzelner Hefte oder zur Fortsetzung durch eine Buchhandlung erbeten

AKADEMIE-VERLAG · BERLIN

FSC
www.fsc.org
MIX
Papier | Fördert gute Waldnutzung
FSC® C083411

Zeitfracht Medien GmbH
Ferdinand-Jühlke-Straße 7
99095 Erfurt, Deutschland
produktsicherheit@kolibri360.de